北京市退耕还林工程
综合效益与后续政策研究

鲁绍伟　赵　娜　李少宁　徐晓天　主编

科学技术文献出版社
SCIENTIFIC AND TECHNICAL DOCUMENTATION PRESS
·北京·

图书在版编目（CIP）数据

北京市退耕还林工程综合效益与后续政策研究 / 鲁绍伟等主编. —北京：科学技术文献出版社，2020.12

ISBN 978-7-5189-7462-7

Ⅰ.①北⋯　Ⅱ.①鲁⋯　Ⅲ.①退耕还林—生态效应—研究—北京　Ⅳ.①S718.56

中国版本图书馆 CIP 数据核字（2020）第 250017 号

北京市退耕还林工程综合效益与后续政策研究

策划编辑：魏宗梅　责任编辑：王　培　责任校对：张永霞　责任出版：张志平

出　版　者	科学技术文献出版社
地　　　址	北京市复兴路15号　　邮编　100038
编　务　部	（010）58882938，58882087（传真）
发　行　部	（010）58882868，58882870（传真）
邮　购　部	（010）58882873
官方网址	www.stdp.com.cn
发　行　者	科学技术文献出版社发行　全国各地新华书店经销
印　刷　者	北京虎彩文化传播有限公司
版　　　次	2020 年 12 月第 1 版　2020 年 12 月第 1 次印刷
开　　　本	710×1000　1/16
字　　　数	235千
印　　　张	15.25　彩插6面
书　　　号	ISBN 978-7-5189-7462-7
定　　　价	68.00元

《北京市退耕还林工程综合效益与后续政策研究》
编委会

前　言

　　北京市退耕还林工程的实施在改善区域生态环境、促进绿色发展和农民就业增收等方面均发挥了重要作用，取得了巨大的生态效益、经济效益和社会效益。北京市退耕还林工程于 2000 年开始试点，门头沟、延庆、昌平、平谷、怀柔和密云结合京津风沙源治理工程的实施，被列入国家退耕还林工程范围，享受国家补助政策。2002 年，经市政府批准，房山区参照国家退耕还林政策，实施市级退耕还林工程，享受市级补助。到 2004 年，北京市退耕还林工程累计完成造林 105 万亩，其中：退耕地造林 55 万亩，配套荒山荒地造林 50 万亩，涉及 7 个区、95 个乡镇、1426 个村（其中，低收入村有 192 个，占全市低收入村的 82.05%）、18.23 万农户（其中，低收入户有 2.56 万户）。在退耕地 55 万亩造林中，营造生态林 48.0 万亩、经济林 7.0 万亩。

　　退耕还林工程补助政策实施初期，退耕农户对退耕还林工程实施比较拥护并积极响应。根据国家退耕还林补助政策，实施退耕还林的地块，国家给予农户生活费补助和粮食补助。2000 年第一轮退耕还生态林补助期为 8 年，还经济林补助期为 5 年，每亩每年补助原粮 100 公斤、现金 20 元；2008 年开始第二轮补助，退耕还生态林补助期再延续 8 年，还经济林补助期再延续 5 年，每亩每年补助原粮 50 公斤、现金 20 元。北京市根据国家政策执行，不足资金由北京市财政承担。

　　但到 2019 年年底，北京市退耕农户所享受的国家钱粮补助政策全部到期。

由于退耕还林地经济效益相对较低、与同类型地块相比政策落差大、退耕农户增收渠道少和巩固退耕还林成果压力大，造成人民对美好环境的需求和期望与现实情况差距较大。截至 2018 年年底，北京市退耕地造林保存面积 52.35 万亩，面积保存率为 95.18%；流失面积 2.65 万亩，占退耕地面积的 4.82%。退耕地造林合格面积 48.63 万亩，林木保存不合格面积 3.72 万亩。退耕林木不合格原因主要是退耕地立地条件差、无灌溉设施和受近几年干果市场因素的影响，退耕户管理粗放甚至失管弃管，部分林木死亡，达不到验收标准。2.65 万亩的流失退耕地，主要是因国家和北京市重点工程占地和旱涝自然灾害损毁造成。因此，亟须开展北京市退耕还林典型调研，在全面总结北京市退耕还林工作的基础上，摸清全市退耕还林管理和经营现状，评估退耕还林综合效益，为建立巩固退耕还林成果长效补偿机制提供理论依据与数据支撑。

受北京市园林绿化局委托，北京市林业果树科学研究院林业生态研究室采用分层抽样法，于 2018 年对门头沟、昌平、平谷、怀柔、密云、延庆、房山 7 区 35 乡镇 180 村进行座谈、室内调研、野外调查等形式的典型调研，按照区域类型、树种、规模化经营、经营主体等因素，分类统计退耕还林调查位置、面积、退耕还林林分生长状况、土地权属、经营管护及效益情况等调研内容。此次北京市退耕还林典型调研共调查退耕户 900 余户，涉及各区、乡镇、村相关工作人员 217 人，收集 7000 份调查记录表，收回 1092 份调查问卷，其中区级领导调查问卷 14 份，乡镇领导和林业站站长调查问卷 116 份，整理数据 18 万余份。

截至 2018 年年底，北京市退耕还林典型调研结果显示：退耕林地均已郁闭，成林率在 60.25% 以上；退耕林木生长状况和管护情况为中等水平；退耕地管理人员老龄化严重，50 岁以上的退耕户占 82%；退耕林地果品收入 1000 元 /（亩·年）以下的占 49.89%，无产值的占 34.95%，1000 元以上的占 15.16%；退耕户、低收入户、采摘园大户、林下种养大户和承包大户均认为前期实施的退耕还林产业收益和退耕还林补助金额均较低。北京市主管退耕工作的区级领导均同意退耕地流转，88% 主管退耕工作的乡镇干部、76% 的村干部和 72% 的退耕户也同意退耕地流转，其中 100% 区级主管退耕工作的领导、52% 同意流转的乡镇干部和 47% 同意流转的村干部建议将流转费定为 1000 ～ 1500 元 /（亩·年）。

北京市退耕还林生态系统每年产生的生态服务总价值量为 18.92 亿元，是其年经济价值的 17.85 倍。退耕还林产生的单位面积生态服务价值量每年为 5.58 万元 / 公顷，约为森林生态系统单位面积生态服务价值量（6.75 万元 / 公顷）的 82.67%。通过调研获知，现有退耕还林地种植玉米和小麦的平均收益为 685 元 /（亩·年），收益较低。

基于本次退耕还林典型调研，获取各区退耕还林经营、管护现状数据，掌握退耕户对后续政策建议的真实意愿。本次调研以生态优先、农民自愿和精准扶低为退耕还林发展对策的原则，根据北京市现存退耕还林工程综合效益评估结果与现有退耕林地种植粮食、经济林的净收益值，参考造林恢复生态等补偿标准，对退耕还林后续补偿政策补贴范围和土地流转费进行界定，提出了分类综合考虑退耕还林的立地条件、生态区位、退耕还林生长和经济收益状况、适地适树情况及树种类型、规模经营情况的退耕还林后续补偿机制：第一类为处于一级水源保护区、坡度大于 25°、退耕户无继续经营意愿的过熟速生杨林地，鼓励其流转并给予 1000 ～ 1500 元 /（亩·年）流转费；第二类为自主经营、达到合格标准的生态经济林，给予 500 ～ 700 元 /（亩·年）生态补贴；第三类为有栽植发展前景的退耕林，给予自主经营权及政策优惠。鼓励退耕户经营、改造、提升失管弃管退耕林地，符合第二类条件的退耕地在验收合格后给予补贴，符合第三类条件的退耕地享受政策优惠。同时，提出加强低效林分模式改造和工程指导、将山区经济林纳入退耕还林体系及构建退耕还林生态功能监测网络等建议。

本次典型调查研究作为北京市政府完善退耕还林后续政策工作的重要内容之一，通过个别座谈、集体座谈、现场勘查、问卷调查和文档资料搜集等方式，从调研准备、调查实施到研究分析，形成北京市退耕还林典型调研报告，制定上述有关退耕还林后续政策方案，均被北京市人民政府采纳，并整合制定形成了《北京市关于完善退耕还林后续政策的意见》（简称《意见》）（京政办发〔2019〕25 号）。《意见》中，退耕后续政策的落地涉及全市 50 余万亩退耕地，惠及北京市 7 个区、95 个乡镇、1426 个村、18.23 万农户，为市政府决策和指导退耕还林后续工作及建立巩固退耕还林成果长效补偿机制提供了真实信息和准确依据，对发挥退耕还林生态效益、优化农村产业结构、促进退耕农民增收和乡村振兴发挥了重要作用。

本书资料翔实，内容丰富，系统完整，可供森林生态、水土保持、园林绿化和环境科学相关方面的科研、生产、管理人员及广大师生参考使用。作者殷切希望本书的出版能够引起有关人士对该领域的大力关注和支持，并希望本书对从事该领域研究的师生有所裨益。

本书的出版得到了北京市农林科学院科技创新能力建设项目"北京森林生态质量状况监测基础数据平台建设（KJCX 20160301 和 KJCX 20190301）"、"农林复合体系模式研究与示范（KJCX 20200801）"、"北京山地 4 种林分水质效应研究（KJCX 20210409）"；国家林草局林业科技创新平台运行补助项目"北京燕山森林生态系统国家定位观测研究站运行补助（2019132001）"；国家自然科学基金项目"基于模拟试验的北京园林绿化树种对 PM2.5 吸滞与分配机制研究（32071834）"和"北京山区典型植被幼苗非结构性碳水化合物存储机制研究（31800363）"；北京市林业果树科学研究院青年基金项目"北京城市森林环境 SO_2 特征与迁移转化（LGYJJ 202010）"等项目的资助，在此表示感谢。

科学技术文献出版社对本书的出版给予了大力支持，编辑人员为此付出了辛勤劳动，在此表示诚挚的谢意。

最后，恳切希望广大读者、同人对本书中的问题和不足予以批评指正，以便进一步修订完善。

编者

2020 年 11 月 30 日

目　录

第一章　北京市退耕还林工程现状

1　北京市退耕还林工程概况

退耕还林是党中央、国务院从中华民族生存和发展的战略高度出发，为合理利用土地资源、增加林草植被、再造秀美山川、维护国家生态安全、实现人与自然和谐共生而实施的一项重大战略工程，它是我国林业生态建设史上涉及面最广、政策性最强、规模最大、任务最重、投入最多、群众参与度最高的生态建设工程，也是对农村生产力布局的一次战略性调整。首都北京作为我国的政治文化中心及国际交流的重要城市，生态环境建设水平将直接代表整个国家的绿色形象，关系到首都社会、经济的可持续发展。针对生态修复能力脆弱、水土流失、土壤沙化、土质下降和风沙等问题，北京市根据国家《退耕还林条例》[中华人民共和国国务院令（第 367 号）]、《京津风沙源治理工程规划》及市委市政府的统一部署，按照构筑山区绿色生态屏障的总体思路，以培育优化资源为主导，以发展绿色产业为纽带，通过工程区人民的共同努力，自2000 年开展退耕还林试点工程，2002 年全面实施，2004 年竣工完成，整个工程建设历时 4 年（分国家级和市级工程），累计完成工程建设任务 55 万亩。

1.1 北京市退耕还林工程区域分布

按照国家《退耕还林条例》与《京津风沙源治理工程规划》的规定，北京市退耕还林工程地块主要分布于生态脆弱、生态地位重要但粮食产量低而不稳的水源保护区；重点风景名胜区和城镇周围、公路及铁路干线两侧的耕地及土层薄、灌溉困难、自然灾害频繁的坡台地及沟谷川地；主要公路、河流两旁、25° 以上的山坡耕地和土层薄、不易灌溉、易于发生滑坡、泥石流等自然灾害的坡台地、沟谷川地一带。以发展生态林为主，辅之以适当经济林。

国家级工程：2000—2004 年实施。门头沟、延庆、昌平、平谷、怀柔和密云六区结合京津风沙源治理工程，被列入国家退耕还林工程范围，享受国家补助政策。累计完成造林 87 万亩，其中退耕地造林 46 万亩（包括营造生态经济兼用林 39.63 万亩、经济林 6.37 万亩）、配套荒山荒地造林 41 万亩，涉及门头沟、昌平、平谷、怀柔、密云、延庆 6 个区 79 个乡镇、1217 个行政村、15.93 万农户。

市级工程：2002—2004 年实施。经市政府批准，房山区参照国家退耕还林政策，实施市级退耕还林工程，享受市级补贴。累计完成造林 18 万亩，其中退耕地造林 9 万亩、配套荒山荒地造林 9 万亩，涉及房山区 16 个乡镇、209 个村、2.3 万农户。

1.2 北京市退耕还林工程政策执行情况

北京市退耕还林造林涉及 7 个区 95 个乡镇、1426 个村、18.23 万农户。其中，低收入村有 192 个，占全市低收入村的 82.05%；低收入户有 2.56 万户，占全市低收入户的 35.21%。

退耕还林面积保存情况：截至 2018 年年底，全市退耕地造林保存面积 52.35 万亩，面积保存率为 95.18%；流失面积 2.65 万亩，占退耕地面积的 4.82%。退耕地造林合格面积 48.63 万亩，面积合格率为 88.42%。因管护不到位，林木保存暂不合格面积 3.72 万亩。

按树种划分：全市确认保存板栗 13.77 万亩，占合格面积的 28.32%；杏树 9.38 万亩，占 19.29%；核桃 5.96 万亩，占 12.26%；杨树 4.81 万亩，占 9.89%；柿子 2.80 万亩，占 5.76%；枣 2.76 万亩，占 5.68%；桃 2.43 万亩，占 5.00%；苹果 1.42 万亩，占 2.92%；葡萄 0.68 万亩，占 1.40%；其他树种 4.62 万亩，占 9.50%。

按坡度划分：大于 25° 的面积有 3.91 万亩，占合格面积的 7.47%；25° 以下的面积有 48.44 万亩，占 92.53%。

土地权属及经营情况：全市退耕还林地为农民承包的集体土地。经调查，退耕地土地承包已经到期的面积 1.7 万亩，占确认保存面积的 3.25%；涉及基本农田面积 12.96 万亩，占确认保存面积的 24.76%；全市有灌溉条件的面积

9.71 万亩（其中，生态林 6.11 万亩，经济林 3.60 万亩），占确认保存面积的 18.55%；施肥面积 12.74 万亩（其中，生态林 9.25 万亩，经济林 3.49 万亩），占确认保存面积的 24.34%。

观光采摘示范园情况：根据《北京市巩固退耕还林成果专项规划（2008—2015 年）》，全市共建设观光采摘示范园 167 个，主要树种为苹果、梨、樱桃、葡萄、枣等。

退耕还林补助资金兑现情况：根据国家有关政策，实施退耕还林的地块，国家给予农户生活费补助和粮食补助。第一轮退耕还生态林补助期为 8 年，还经济林补助期为 5 年，每亩每年补助原粮 100 公斤、现金 20 元；2008 年开始第二轮补助，退耕还生态林补助期再延续 8 年，还经济林补助期再延续 5 年，每亩每年补助原粮 50 公斤、现金 20 元。为确保退耕农民利益，根据实际情况，北京市实行粮食直补，第一轮每亩每年补助原粮 100 公斤（实际发放米面 70 公斤），第二轮补助原粮 50 公斤（实际发放米面 35 公斤），不足资金由市财政承担。房山区参照国家政策，补助资金由市财政安排。到 2019 年年底，退耕还林补助政策全部到期。

2　北京市退耕还林工程成效

①产生了巨大的生态效益，改善了生态环境，加速了植被恢复。北京市退耕还林工程主要在生态环境脆弱区开展，工程建设实施 19 年以来为这些地区增加了大量林草植被，林木绿化率由 57.23% 增加到 79.4%；"五大风沙危害区"退出严重沙化耕地 25 万亩，实施荒山造林 50 万亩，风沙危害得到有效治理；在密云、怀柔水库上游等重要水源保护地，将 25° 坡地耕地全部退出耕作，显著提高了工程区涵养水源能力，区域水土流失和面源污染得到有效控制，密云、怀柔水库的水质一直保持在国家地面水体环境质量二级标准。昔日的浅山台地披上了绿装，遏制并扭转了工程区生态恶化的趋势，极大地改善了生态环境，"山更绿、水更美、天更蓝、空气更清新"正在转变为现实，工程实施为加快美丽北京、生态宜居城市的建设做出了重大贡献。

以本次退耕还林工程区典型调研数据为基础，严格遵照中华人民共和国国家标准《森林生态系统服务功能评估规范》（GB/T 38582—2020），以北京市林业果树科学研究院多年积累的森林生态功能长期监测数据集及社会公共数据集为依据，采用分布式测算方法，从涵养水源、保育土壤、固碳释氧、林木积累营养物质、净化大气环境和生物多样性保护六大类 20 项指标评估北京市退耕林地的生态效益，结果表明：北京市退耕还林生态系统每年产生的生态服务功能总价值量可达 18.92 亿元，其中退耕还林单位面积价值量每年为 5.58 万元 / 公顷（3720 元 / 亩），约为森林生态系统单位面积价值量的 82.52%。其中，北京市退耕还林每年可涵养水源 0.55 亿 m^3，产生 7.79 亿元的价值；固土 58.08 万吨，固定土壤氮 0.05 万吨、磷 0.01 万吨、钾 0.35 万吨和有机质 2.53 万吨，产生 0.80 亿元价值；固碳 5.22 万吨，释氧 11.70 万吨，产生 5.05 亿元价值；林木积累氮 11.04 万吨、磷 0.72 万吨和钾 6.80 万吨，产生 0.32 亿元价值；提供负离子 5.775×10^{22} 个，吸收污染物 5272.25 吨，滞尘 842.29 吨，产生 3.26 亿元价值。

②有力促进了绿色产业的发展。在高质量发展背景下，大力培育发展新兴绿色产业、打造高精尖经济结构是北京的战略选择。"十二五"以来，北京将培育和发展新兴产业作为首都经济结构深度调整和产业结构优化升级的突破口和主攻方向，新兴绿色产业规模不断扩大。北京市退耕还林工程建设在原来的坡耕地、台地上发展了以板栗、核桃、仁用杏等为主的生态经济林 40 余万亩，形成了怀柔密云板栗产业带、延庆仁用杏产业带和房山核桃、柿子产业带，培育了密云绿润、怀柔富亿农、御食园、红螺食品等龙头企业，为调整山区种植结构、培育绿色主导产业、促进农民就业增收做出了重要贡献。同时，退耕农户积极利用林下资源发展绿色产业，逐步探索出了林菌间作、林药间作、林花间作等一批林下经营模式，先后建成了延庆四海林下茶菊、怀柔九渡河林药等一批示范基地，取得了显著的经济效益。

③改变了退耕农户的生产生活方式。退耕还林钱粮补助政策不仅解决了退耕农户的基本生活问题，同时促进了地区劳动力转移，调整优化了农村产业结构，创造条件为山区农民增收致富。根据 2008 年国家统计局北京调查总队的抽样调查显示，退耕还林使工程区 23.6% 的农民从土地中解脱出来，当年工程区劳动力转移人数为 8.8 万人，转移劳动力总收入为 3.5 亿元，转移劳动力人均收入为 3900 余元。工程的实施使当地生产生活方式发生了改变，使以种植业为主的农业生产向林果产业、畜牧业及二三产业过渡，农村经济发展呈现

多元化，农民的就业方式和创收渠道增多，产业链条延长。退耕农户依托工程建设的资源，大力发展旅游、采摘、特色民俗游等观光休闲产业，建设观光采摘示范园 167 个，发展民俗旅游户 1575 户，拓宽了农民增收渠道，提高了生活质量。

3 北京市退耕还林工程取得的成功经验

①退耕还林工程取得的成效离不开政府和农民的大力支持。退耕还林，事关国家生态安全，事关亿万农民切身利益，党中央、国务院一直高度重视。北京市退耕还林工程在市委、市政府的正确领导下，从市园林局、各级区政府，到各级乡镇政府和村委，均认真落实党中央和国务院关于退耕还林的政策，严格执行退耕还林的补助、树种栽植、不同坡度退耕等文件精神。退耕户也积极响应中央政策，通过 4 年的时间将符合退耕要求的耕地全部退耕。退耕还林产生的巨大成效离不开各级政府和农民的大力支持。

②多元投入，形成合力，促进成果巩固。自退耕还林工程实施以来，国务院给予前期工程投入和科技支撑，并出台了农业税征收减免、免征农业特产税、退耕户享受林木所有权、林木采伐权等一系列政策，同时对退耕林地质量进行检查验收，以此兑付退耕还林补偿金，这充分提高了农户的积极性。同时，在不同区域实施地区性补贴，如退稻还林补贴、水源区造林补贴等。2010 年以来，北京市大力发展生态建设，先后出台两期平原造林工程、绿化隔离地区与"五河十路"绿色通道生态林用地及管护政策和调整山区生态公益林生态效益促进发展机制等有关政策，有助于保护退耕还林成果。

③生态经济兼用林成为北京市退耕还林的新亮点。北京市退耕还林工程中生态经济兼用林（包含核桃、板栗、柿子、枣、仁用杏、山楂等）占保存面积的 70.9%，同时具备产业价值和生态效益。据本次典型调研评估结果表明，北京市退耕还林生态经济兼用林每年产生的生态效益总价值量为 12.57 亿元。其中，生态经济兼用林涵养水源 0.393 亿 m^3/年；固土 39.45 万吨/年；固定土壤氮 0.026 万吨/年、磷 0.011 万吨/年、钾 0.224 万吨/年和有机质 1.698 万吨/年；固碳 3.13 万吨/年，释氧 6.81 万吨/年；林木积累氮 5.43 万吨/年、磷 0.41 万吨/年和钾 3.11 万吨/年；提供负离子 4.252×10^{22} 个/年，吸收污

染物 3956.78 吨 / 年，滞尘 570.74 吨 / 年。其涵养水源价值量为 5.58 亿元 / 年；保育土壤 0.52 亿元 / 年；固氮释氧 2.96 亿元 / 年；林木积累营养物质 0.15 亿元 / 年；净化大气环境 2.21 亿元 / 年；生物多样性保护 1.15 亿元 / 年。生态经济兼用林在发挥生态服务功能的同时，果品销售产生可观的生态效益与产业价值的总量不弱于森林生态系统。因此，大力发展退耕还林生态经济兼用林，提升其质量，有助于增加退耕还林工程区生态经济兼用林生态系统服务功能总量和人民收入，完善经济林产业体系，为生态文明建设贡献力量，为社会带来更多生态福祉。

4 北京市退耕还林工程存在的问题

①退耕还林生态经济兼用林和鲜果经济林的经济效益差距较大。自北京市退耕还林工程实施以来，对不同树种、不同立地条件和气候条件、不同生态区和不同坡度的退耕还林地在验收合格后均给予相同的补贴额度，而退耕还林地种植的树种类型较多，既有生态经济兼用林也有鲜果林。调研结果显示，退耕还林生态经济兼用林（板栗、核桃、柿子、枣、山楂、仁用杏、其他生态林）年收益每亩在 0～400 元，低于种植粮食和全市同类型林地平均水平。种植生态经济兼用林与种植粮食相比，年收益差额为每亩 280～680 元，与北京市同类型林地年收益差额为每亩 70～771 元；但生态经济兼用林又具有巨大的生态效益，如板栗、核桃和仁用杏每年产生的生态价值分别为 5.58 亿元、2.38 亿元和 2.56 亿元；而鲜果林（桃、苹果、李子、葡萄、梨、樱桃、杏、其他经济林）经济效益较高，如平谷种植的桃，昌平的苹果、桃和梨，门头沟的红头香椿等年收益极好，达到了每亩收入 1000 元以上；另外，退耕还林经济林果品年收益每亩在 1000 元以上的退耕户占 15.16%。综上所述，退耕还林生态经济兼用林和鲜果经济林的经济效益差距较大，应给予不同的管护标准和补偿政策。

②与现行的其他生态建设政策相比落差大。2002 年，财政部下发《退耕还林工程现金补助资金管理办法》，就现金补助的标准和年限给出明确规定，即现金补助为每年每亩补助 20 元。2019 年年底，北京的退耕还林补偿政策全面到期。退耕还林补助政策兑现结束后，退耕地补偿政策与现行的农业支持保

护补贴政策（包括减免农业税、粮食直补、农机直补、良种补贴等多项农业优惠政策）、种植蔬菜补贴政策、新一轮百万亩造林工程、山区造林工程、绿化工程等生态建设工程的补偿政策标准相比落差较大，其中平原造林工程、山区造林工程、绿化工程等生态建设工程补助政策标准是前期退耕还林的 10 ～ 15 倍，对退耕还林补贴政策造成极大冲击。与此同时，某些退耕树种存在达到盛果期后其经济效益呈现逐渐递减的趋势，且退耕户所享受的钱粮补助总计不超过 100 元 /（亩·年），收益较低。长期的低收入与社会经济发展水平差距较大，人民对美好环境的需求和期望与现实情况还存在差距，退耕户对退耕还林政策由实施前期的满意变为实施后期的不满意，极大降低了农户管护积极性，不利于退耕还林成果的保护。

③退耕还林增加农户收入有限。北京市退耕还林工程区主要分布于偏远山区，覆盖 1426 个村，其中低收入村 192 个，占全市低收入村的 35.21%，低收入户 2.56 万户。本次调查结果显示，34.95% 的退耕户没有退耕还林经济收益；39.01% 的退耕还林经济收益低于 500 元 / 亩。主要原因是北京市退耕户大部分无果品销售渠道，导致部分果品无人收购，致使部分果品腐烂、掉落在地；同时，绝大多数退耕农户收入依赖第一产业，从事农业生产经营活动的家庭比重占九成以上，规模小、产业基础薄弱、增收渠道少、增收空间相对较小；作为北京市主要退耕树种——板栗、核桃、仁用杏、速生杨等，其果品销售价格易受市场波动影响，农户增收动力不足；退耕还林种植速生杨，则在种植 10 多年后方可采伐，收益较低。长此以往，上述诸多原因必将降低退耕户年收入，降低退耕林经营积极性，进而造成弃管，不利于退耕还林生态成果的保护。

④巩固退耕还林成果压力大。随着北京市的经济社会发展，特别是退耕还林补助政策的到期，出现了退耕林地失管、弃管现象。据本次典型调查显示，目前存在 3.72 万亩退耕地树木长势弱、保存率低。有 2.17% 的退耕农户表示，若后续无补助政策将弃管或复耕退耕还林地。同时，全市退耕还林栽植有 4.15 万亩速生杨，多数成为过熟林，树势逐年减弱，亟须更新改造。为此，面临 2019 年年底退耕还林政策全部到期，加快研究制定出台退耕还林后续政策、巩固退耕还林成果迫在眉睫。

第二章　退耕还林发展对策需求典型调研

1　调研方法

1.1 调研范围

北京市退耕还林造林面积 55 万亩（含房山区 9 万亩），涉及门头沟、延庆、昌平、平谷、房山、怀柔、密云 7 个区、95 个乡镇、1426 个行政村、18.23 万农户。根据分层抽样法，确定本次典型调研的行政村样本数至少应为总体容量的 11.8%，退耕户样本数至少应为总体容量的 0.48%，即抽取样本村 168 个，样本退耕户 872 户。由此，本次典型调研在退耕还林工程区每个行政区内选择 5 个乡镇，每个乡镇选择 5 个典型村，每个村至少选择 5 户退耕户，共计行政村 175 个，退耕户 875 户，确保样本数符合分层抽样法针对样本数的计算要求。同时，为了使调研结果更能准确反映北京市退耕还林真实情况，利用社会统计学抽样方法中的重点调查法增加了一个乡镇的典型调查。为此，本次典型调研共涉及退耕还林 7 个区、36 个乡镇、180 个行政村、910 户退耕户。

1.2 退耕还林现状调研

自 2018 年 7 月初至 8 月底，北京市林业果树科学研究院林业生态研究室针对北京市退耕还林工程区进行典型调研（包括座谈、室内调研、野外调查等），共调查退耕户 910 户，涉及各区、乡镇、村相关工作人员 217 人，收集 7000 份调查记录表，收回 1092 份调查问卷，其中区级领导调查问卷 14 份，乡镇领导和林业站站长调查问卷 116 份，整理数据 18.07 万个。

1.2.1 分类统计具体内容

本次典型调研按照区域类型、树种、规模化经营、经营主体等因素分类统计北京市各行政区退耕还林各项基本情况（具体调查结果见附录1）。每项分类类别均包括以下具体调查内容。

①调查位置：不同水源保护区、不同风沙危害区、基本农田、坡耕地、不同规模化经营及不同坡度退耕还林区。

②调查面积：退耕林区、乡镇数、村数、户数、地块数、保存面积、不达标面积、损失面积（因工占地、自然灾害、政策改造所造成）。

③退耕林生长状况：林种、树种、品种、立地条件、所处位置、林龄、树高、胸径、冠幅、林木长势、株行距。

④土地权属、经营管护情况：退耕林涉及的基本农田面积、退耕林土地承包时间、现有林分成林率和管护率。

⑤效益：年产值（或林木蓄积量）、亩产量、投入、就业人数、管护、劳动力情况及历年钱粮兑现、资金结余和后续处理等，后续以退耕林为对象的果品深加工（或木材加工）、旅游观光采摘（或森林康养游憩）及林下复种情况等。

1.2.2 分立地类型调研

退耕还林工程项目实施对象为水土流失严重与产量低而不稳的坡耕地和沙化地。根据北京市区域特点及首都城市功能、生态环境所存在的水土流失、沙化问题和退耕还林建设主攻方向，依据适地适树原则，将现有调研数据从区、镇、村调研层次，按照退耕林所在区域位置划分为不同水源地、不同风沙危害区、基本农田、坡耕地及不同坡度（按照退耕还林地所处坡度25°以上、15°～25°坡耕地和一般耕地面积划分，见附录2至附录4）。

1.2.3 分树种调研

北京市不同区退耕还林的种植树种分布不同，如密云以杨树、板栗、苹果等为主要退耕树种；怀柔以板栗、核桃、梨等为主要退耕树种；延庆以仁用杏、苹果、葡萄等为主要退耕树种；昌平以苹果、板栗、枣等为主要退耕树种；平谷以桃、核桃、杏、枣等为主要退耕树种；门头沟以樱桃、核桃、玫瑰等为主要退耕树种；房山则以柿子、核桃、枣等为主要退耕树种。同时兼顾每个树种的生态、经济效益差异，本调研按照杨树、板栗、核桃、仁用杏、枣、梨、杏、桃、葡萄、樱桃、柿子、玫瑰及其他经济林小树种类型划分（调查表格见附录2至附录4）。

1.2.4 分经营主体调研

发展退耕林增收脱贫，促进农村经济发展，积极支持新型农业经营主体参与退耕还林建设，以带动贫困退耕农户脱贫致富，同时根据历年退耕还林补助资金、历年钱粮兑现情况、资金结余及后续进行处理。本调查根据退耕户经济状况、退耕林地面积大小[大户（大于30亩）、普通农户（小于30亩）]及经营主体性质（合作社、集体和龙头企业）类型划分退耕林类型（调查表格见附录2至附录4）。

1.2.5 分特色经营调研

为加快通过退耕还林工程调整农村产业结构，对观光采摘果园、林下经济退耕还林区进行调查（调查表格见附录2至附录4）。

1.2.6 分经营现状调研

为了保障退耕还林工程建设质量，提高工程建设成效，使北京市退耕还林工程造林质量、管理质量有所提升，同时兼顾摸清现阶段退耕地承包时限情况，本调查分达标/不达标、到期/未到期退耕还林区进行调查（调查表格见附录2至附录4）。

1.3 退耕还林座谈

1.3.1 区、乡镇、村退耕还林座谈调研

由北京市各区、乡镇、村人员参加，根据调查所得数据，探讨退耕还林情况调查，并对各区、乡镇、村人员及退耕农户进行退耕还林意愿调查（见附录5退耕还林各区、乡镇、村干部座谈调研问卷）。

各区组织1次座谈会，由区园林绿化局组织全区各相关乡镇参加，参加人数15～20人，并根据各区的具体情况填写座谈调查问卷。每区选5个乡镇、每个乡镇选择5个村、每个村选择5户，采用调查问卷的形式进行调研，同时需要考虑各区、乡镇的低收入村及农户的特殊情况，听取农户的意见和建议并

如实记录，以保证调研结果的全面性。调研内容主要包括以下几个方面。

①退耕林基本情况：以提供的矢量地块图斑为依据，提供退耕林林种面积（生态经济兼用林、鲜果林、用材林等）、各树种组成和面积、各树种所在地坡度和面积、退耕林所处位置（重要水源地／水源保护区退耕地／重点风沙危害区退耕地）和面积，以及经营主体组成（农户、合作社、集体、大户承包、龙头企业）、面积和流转经营情况，退耕还林存在的乡镇数、村数、户数、地块数、保存面积、不达标面积、损失面积（因工占地、自然灾害、政策改造所造成）。

②土地权属、经营管护情况：退耕林成林率和管护率，以及退耕还林的土地承包使用权、承包时间、经营权及流转情况。

③效益：退耕林年产值（蓄积量）、亩产量、投入、就业人数、管护、劳动力情况和历年钱粮兑现、资金结余和后续处理等，以及以退耕林为对象的果品与木材加工、旅游观光与采摘及林下复种情况等。

④退耕还林补助资金兑现情况：包括历年钱粮兑现情况、资金结余及后续处理情况。

⑤巩固退耕还林成果专项规划完成情况：重点调查对巩固退耕还林成果专项规划实施建设的观光采摘示范园的位置、面积、现状经营情况、经济效益、亩产量、亩均收益和就业人数等。

⑥案例分析：征集巩固退耕成果、确保农民利益、增加农民收入的好做法与案例，特别注意探讨土地流转、集约经营、生态补偿的具体实施经验与突出案例。

⑦各区、乡镇、村人员意愿：退耕还林工程到期后，对于不同经营规模、效益及弃耕的农户，采取何种方式补偿、补偿额度是多少、不同补偿方式如何界定。

1.3.2 农户退耕还林座谈调研

在每个村内选择至少5个退耕户进行座谈，针对每户是否为低收入户，调查退耕户种植的林种、树种、品种、退耕面积、成林率、坡度、所处位置、年产值、亩产值、其他收入、退耕地投入、补偿对生活影响水平、补偿能否弥补种地收入、是否愿意流转、后续补偿方式、后续补偿额度等（典型退耕户现状和意愿调查问卷见附录 6，典型退耕户特殊情况调查问卷见附录 7）。

1.4 退耕还林典型样地调查

在区、乡镇、村和退耕户退耕还林现状数据统计与座谈调研的基础上，组织人员到重点地区调研，听取各区、乡镇、村情况汇报，实际走访退耕农户，听取农户意见与建议，切实摸清区、乡镇、村和退耕户退耕林现状，实地查看退耕林生长状况与区、乡镇、村和退耕户建档数据的符合性（调查表格见附录 3）。

①调查地点：在北京市门头沟、延庆、昌平、平谷、房山、怀柔和密云区内，每个区选择 5 个乡镇，每个乡镇选择 5 个典型村，每个村至少选择 5 个退耕户。典型实地调查区域不小于退耕还林总面积的 2%。

②调查内容：按照退耕林的林种、树种、坡度、位置、经营主体等，分别选取典型地块，避开林缘，设置 3 块 20 m×20 m 典型样方。统计调查典型样地内退耕林木株数、种植株行距、林龄、树高、胸径（树高 1.3 m 处）、冠幅、林木长势（分优、良、差）。

切实摸清退耕还林地的林木管护率、成活率和基础设施等基本情况。国家林业局森林资源管理司发布的《全国营造林实绩综合核查工作规范及核查办法》（2004 年修订）中，对于人工造林（更新）小班（地块）评定标准为：造林成活率≥85%（国家特别规定的干旱、半干旱地区≥70%）为合格，41%～84%（国家特别规定的干旱、半干旱地区 41%～69%）为待补植，≤40% 为失败。干旱、半干旱县以"国家特别规定的灌木林地"规定中的"年均降水量 400 mm 以下地区范围县名单"为依据确认。经济林与速生林造林成活率≥85% 为合格，41%～84% 为待补植，≤40% 为失败。

1.5 退耕还林综合效益测算

1.5.1 退耕还林生态效益

以本次退耕还林典型调研数据为基础，严格遵照中华人民共和国国家标准《森林生态系统服务功能评估规范》（GB/T 38582—2020），结合北京市林业果树科学研究院科研人员连续数年对北京市典型退耕还林树种的生态服务功能

（涵养水源、保育土壤、固碳释氧、林木积累营养物质、净化大气环境、生物多样性保护）进行的持续监测，积累了大量的长期生态监测数据。本次典型调研运用北京市林业果树科学研究院各实验基地和定位观测站长期监测获得的生态参数，以退耕还林生态功能长期监测数据集及社会公共数据集为依据，运用多年退耕还林生态功能监测数据，采用分布式测算方法，从涵养水源、保育土壤、固碳释氧、林木积累营养物质、净化大气环境和生物多样性保护六大类20项指标（图2-1），评估北京市退耕还林生态效益物质量与价值量，比较各行政区、不同退耕林树种间生态效益差异。

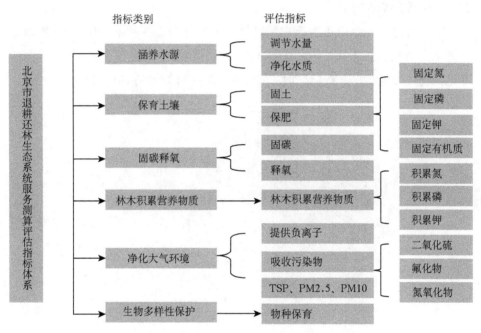

图2-1　北京市退耕还林生态系统服务测算评估指标体系

1.5.2 退耕还林经济效益

本书中，北京市退耕还林产生的经济效益为本次典型调研数据，即典型调研区域退耕林地每亩每年获得的经济收益。

1.6 相关政策信息收集

搜集国家、各部委、北京市政府及相关部门、其他省份和地市出台与发布的有关退耕还林后续政策补偿机制等条款文件,以便北京市退耕还林后续政策制定具有针对性和可行性。

2　结果与分析

2.1 北京市退耕还林经营现状与意愿分析

2.1.1 退耕还林工程现状

2.1.1.1 退耕户基本情况

①年龄分布:北京市退耕户年龄结构分布如图2-2所示,年龄60岁以上退耕户占40%,50～60岁的退耕户占42%,40岁以下的退耕户占2%。由此可见,北京市退耕户老龄化严重,82%的退耕户年龄均在50岁以上。

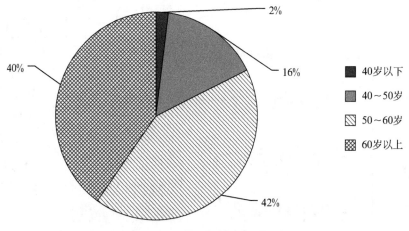

■	40岁以下
▨	40～50岁
▧	50～60岁
▨	60岁以上

图2-2　北京市退耕户年龄分布

②退耕还林政策的了解和满意程度:表2-1为北京市退耕户对退耕还林政策的了解和满意程度,其中36.59%和42.97%的退耕户分别对退耕还林政策很了解和比较了解,只有4.07%的退耕户不了解退耕还林政策。针对2019年前退耕还林政策实施初期的退耕户补偿满意度调查发现,74.50%的退耕户满意实施初期的退耕还林政策,满意度为一般的退耕户占14.29%,选择不满意政策的退耕户占11.21%。针对2019年前退耕还林政策实施后期的退耕户补偿满意度调查发现,56.15%的退耕户不满意,16.81%和20.22%的退耕户分别

选择了比较满意和一般满意，很满意实施后期政策的只有 6.81%。由此可见，2019 年前退耕还林政策在实施初期退耕户满意度较高；但随着经济的发展，退耕还林补偿政策满意度逐渐下降，主要原因为退耕户享受的退耕还林补偿较低，收益较少，无法满足农民们的生活。

表 2-1　北京市退耕户对退耕还林政策的了解和满意程度

评价内容	选项	频数	比例
政策了解	很了解	333	36.59%
	比较了解	391	42.97%
	一般	149	16.37%
	不了解	37	4.07%
2019 年前退耕还林政策实施初期补偿满意程度	很满意	320	35.16%
	比较满意	358	39.34%
	一般	130	14.29%
	不满意	102	11.21%
2019 年前退耕还林政策实施后期补偿满意程度	很满意	62	6.81%
	比较满意	153	16.81%
	一般	184	20.22%
	不满意	511	56.15%

③受教育程度：北京市退耕户受教育程度如图 2-3 所示，有 58% 的退耕户受教育程度为初中，20% 的退耕户受教育程度为高中，19% 的退耕户受教育程度为小学及以下水平，只有 3% 的退耕户受教育程度为大学及以上。可见，

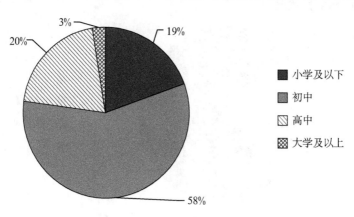

图 2-3　北京市退耕户受教育程度

北京市退耕户受教育程度普遍较低。

④月人均收入：北京市退耕户月人均收入如图2-4所示，有50%的退耕户月人均收入在1000元以下，1000～2000元月人均收入占35%，11%的退耕户月人均收入在2000～3000元，只有4%的退耕户月人均收入在3000元以上。可见，北京市退耕户月人均收入偏低，2000元以下的占85%。

⑤主要收入来源：北京市退耕户主要收入来源如图2-5所示，有60%的

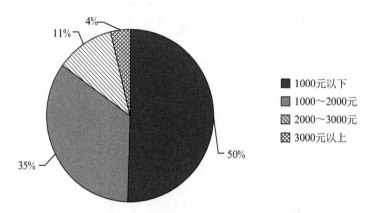

图2-4　北京市退耕户月人均收入

退耕户主要收入来源为务农，27%的退耕户主要收入来源为政府资助（养老金、低保金），2%的退耕户进行小本生意，自己经营。此外，还有11%的退耕户主要收入来源为其他方式，主要包括务工和在附近区域工作。可见，北京市退耕户主要收入来源为务农。

2.1.1.2 退耕林生长状况

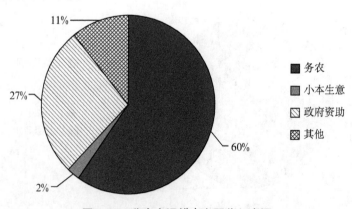

图2-5　北京市退耕户主要收入来源

①种植树种：北京市退耕户主要种植退耕树种如图 2-6 所示，种植杏树的退耕户最多，占 22.7%；其次是核桃和板栗，分别占 18.9% 和 17.2%；杨树占 8.1%；枣和桃分别占 7.4% 和 6.6%；梨占 3.7%；樱桃占 1.9%；葡萄占 0.3%；其他树种占 8.0%。

②生长状况：北京市退耕户主要种植树种的生长状况如表 2-2 所示，除葡

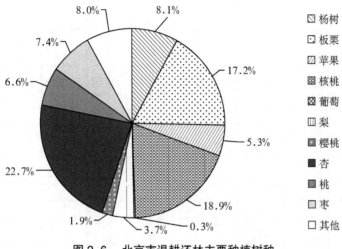

	杨树
	板栗
	苹果
	核桃
	葡萄
	梨
	樱桃
	杏
	桃
	枣
	其他

图 2-6　北京市退耕还林主要种植树种

萄外其他退耕树种成林率均达到了 60.25% 以上。最高的是苹果，其成林率为 96.03%；大部分树种在坡地上种植，林龄在 6 ~ 18 年；除葡萄外，其他林地均达到了郁闭；退耕林木长势中等或良好居多；大部分退耕地经营情况中等，但樱桃、柿子和山楂经营状况为差。

表 2-2 北京市退耕还林主要树种生长状况

树种	品种	退耕面积/亩	成林率	坡度	郁闭度	林龄/年	树高/m	胸径/cm	冠幅/m	林木长势(好、中、差)	株行距(m×m)	经营情况(好、中、差)
杏	大扁、龙王帽	17.80	90.00%	18.00°	0.67	16	2.90	8.84	3.80	中	3×4	中
杏	山杏	98.43	87.23%	15.00°	0.72	16	3.64	10.19	3.49	中	3×4	中
枣	马牙枣	43.65	74.92%	6.25°	0.59	15	4.75	10.02	4.06	中	3×4	好
樱桃	红灯	17.80	60.25%	5.00°	0.43	11	3.88	14.55	2.75	中	3×2	差
桃	香山1号、水蜜桃	27.91	91.80%	0.00°	0.41	14	4.13	13.77	4.06	好	3×4	好
李子	布朗	14.10	80.56%	6.00°	0.68	12	4.30	11.37	2.72	中	3×2	中
苹果	富士、寒富	31.03	96.03%	0.00°	0.60	11	3.51	6.69	2.43	中	3×4	中
梨	京白梨、圆黄梨、红梨	14.00	69.83%	7.50°	0.59	14	4.02	11.45	4.10	好	3×3	好
葡萄	—	2.00	30.00%	0.00°	0.20	6	3.20	2.20	1.50	中	3×2	好
柿子	—	20.50	83.95%	38.67°	0.63	16	5.29	10.54	3.06	中	3×4	差
山楂	—	15.00	65.00%	—	0.33	13	3.25	7.00	3.60	中	3×3	差
太平果	—	4.40	82.50%	—	0.61	9	3.40	5.25	2.75	中	2×3	中
板栗	—	57.20	82.26%	4.00°	0.80	16	5.66	11.90	3.79	好	3×4	中
核桃	薄皮核桃	81.14	87.19%	25.25°	0.76	15	7.00	15.47	5.31	好	3×4	中
香椿	红头	9.80	80.20%	20.00°	0.80	16	7.90	5.37	3.80	中	4×3	好

续表

树种	品种	退耕面积/亩	成林率	坡度	郁闭度	林龄/年	树高/m	胸径/cm	冠幅/m	林木长势（好、中、差）	株行距（m×m）	经营情况（好、中、差）
花椒	—	0.65	62.00%	0.00°	0.26	14	3.80	4.90	3.70	好	3×4	好
杨树	速生杨	25.90	89.89%	5.00°	0.72	16	13.58	14.37	2.46	中	2×3	中
国槐	—	2.00	90.00%	—	0.60	18	8.00	30.00	3.14	好	3×3	好
火炬树	—	1.20	92.00%	20.00°	0.78	11	6.50	6.20	3.20	优	2×2	中

2.1.1.3 退耕果品销售与管护情况

（1）退耕还林果品销售

北京市退耕还林果品销售情况如表 2-3 所示，没有果品销售渠道的退耕户占 97.36%，只有 2.64% 的退耕户有果品销售渠道。从退耕地的年产值来看，49.89% 的退耕户年产值均在 1000 元以下，无任何产值的退耕户比例也达到了34.95%，年产值在 1000 元以上的退耕户占比为 15.16%。

表 2-3　北京市退耕还林果品销售情况

基本情况	选项	总计 / 户	比例
果品销售渠道	有	24	2.64%
	没有	886	97.36%
年产值 /（元 / 亩）	无产值	318	34.95%
	200 以下	188	20.66%
	200 ～ 500	167	18.35%
	500 ～ 1000	99	10.88%
	1000 以上	138	15.16%

（2）退耕还林管护

北京市退耕还林管护情况如表 2-4 所示，从施肥情况来看，61.54% 的退耕户施肥，38.46% 的退耕户不施肥，其中施肥多以复合肥和农家肥为主，施肥每亩花费金额多在 500 元以下（88.57%）；退耕林打药和不打药的退耕户分别占 65.93% 和 34.07%，每亩打药花费多在 500 元以下；退耕地浇水和不浇水的退耕户分别占 33.08% 和 66.92%，不浇水的原因一是无水利设施，二是大部分退耕地均在坡地上，无法浇水；58.57% 的退耕户不使用农机具，41.43%的退耕户使用，每亩农机具花费大部分在 500 元以下；退耕地每年管护时间在3 个月以下的占 79.56%。

表2-4 北京市退耕还林管护情况

基本情况	选项	频数	比例	备注		总计／户	比例
是否施肥	是	560	61.54%	复合肥		305	52.14%
				农家肥		258	44.10%
				其他		22	3.76%
				每亩每年花费	0～500 元	496	88.57%
					500～1000 元	55	9.82%
					1000 元以上	9	1.61%
	否	350	38.46%	—			
是否打药	是	600	65.93%	每亩每年花费	0～500 元	563	93.83%
					500～1000 元	32	5.33%
					1000 元以上	5	0.83%
	否	310	34.07%	—			
是否浇水	是	301	33.08%	每亩每年花费	0～500 元	290	96.35%
					500～1000 元	11	3.65%
					1000 元以上	0	—
	否	609	66.92%	—			
是否使用农机具	使用	377	41.43%	每亩每年农机具油钱	0～500 元	289	92.33%
					500～1000 元	15	4.79%
					1000 元以上	9	2.88%
				雇人使用花费	0～500 元	60	82.19%
					500～1000 元	8	10.96%
					1000 元以上	5	6.85%
	未使用	533	58.57%	—			
每年管护时间	3 个月以下	724	79.56%	—			
	3～6 个月	94	10.33%				
	6 个月以上	92	10.11%				

2.1.2 退耕还林政策意愿与需求分析

①区意愿和补偿金额：北京市各区主管退耕还林工作的领导和区林业站站

长大多数同意在退耕户自愿的前提下全区施行退耕地流转，由集体来经营管理；期望每亩地流转费为1000～1500元/（亩·年）；对于经营效益好的退耕户，可自己选择是否流转；对于经营效益一般和没有经营效益的、不同生长状况和不同立地条件的退耕地建议统一补偿标准（见附录5，退耕还林各区、乡镇、村干部座谈调研问卷）。

②乡镇意愿和补偿金额：北京市各乡镇退耕还林到期后，后续意愿和流转费如图2-7至图2-9所示，退耕还林到期后为了保证退耕还林的成果和效益，88%主管退耕工作的乡镇干部同意退耕地流转由集体来经营管理，52%的乡镇干部建议流转费在1000～1500元/（亩·年），大多数乡镇干部建议后续政策对不同经营状况、不同生长状况和不同立地条件的退耕林地进行统一补偿（见附录5）。

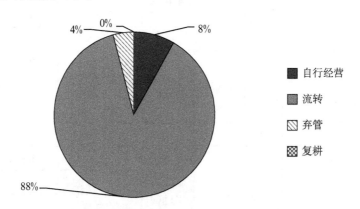

图2-7　北京市乡镇干部退耕意愿所占比例

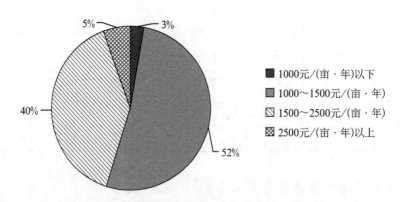

图2-8　北京市乡镇干部建议流转费所占比例

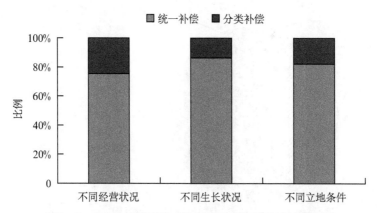

图 2-9 北京市乡镇干部建议不同情况退耕林地补偿意愿

③村干部意愿：北京市退耕还林到期后，村干部对后续政策的意愿和流转费建议如图 2-10 至图 2-12 所示，76% 的村干部选择流转退耕林地，由集体经营管理；47% 的村干部认为 1000～1500 元/（亩·年）流转费较为合理；针对不同经营状况的退耕林，大多数村干部建议后续政策对不同经营状况、不同生长状况和不同立地条件的退耕林地进行统一补偿（见附录 5）。

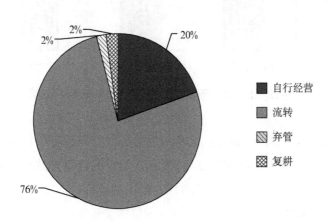

图 2-10 北京市村干部退耕意愿所占比例

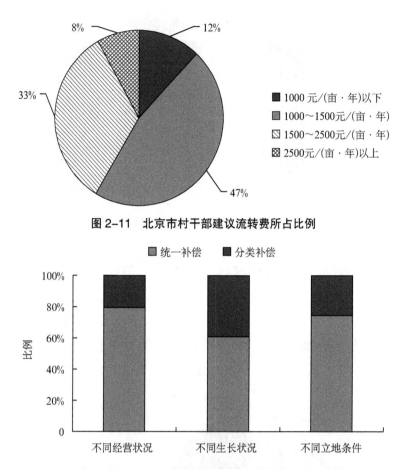

图 2-11 北京市村干部建议流转费所占比例

图 2-12 北京市村干部建议不同情况退耕林地补偿意愿

④退耕户意愿和补偿金额：北京市退耕还林到期后退耕户对后续政策意愿和流转费建议如图 2-13 至图 2-15 所示，72% 的退耕户选择流转退耕地，由集体经营管理；在后续补偿方式方面，97% 的退耕户选择了现金补助；57% 的退耕户认为 1000 ~ 1500 元 /（亩·年）的流转费较为合理。从以上分析可知，区、乡镇和村干部及退耕户对退耕地流转的意愿强烈，原因是随着年龄增大，管护精力降低；对于流转费的意愿也比较理性，说明退耕户对前期退耕还林政策的拥护和响应。

北京市各区、乡镇、村委会和退耕户意愿及金额如表 2-5 至表 2-15 所示。

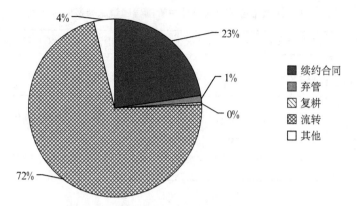

图 2-13　北京市退耕户希望退耕林地处置方式

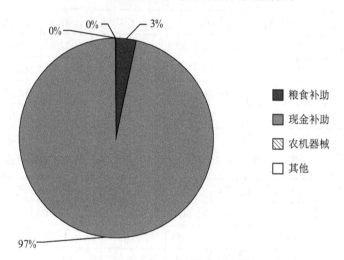

图 2-14　北京市退耕户希望后续补偿方式

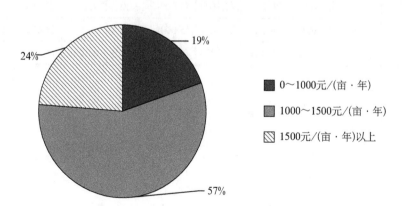

图 2-15　北京市退耕户建议流转费所占比例

表 2-5　北京市各区退耕还林主管领导建议流转费所占比例

流转费	门头沟区	延庆区	昌平区	平谷区	房山区	怀柔区	密云区	平均值
1000 元 /（亩·年）以下	22.90%	13.30%	2.70%	27.50%	9.80%	2.30%	1.00%	11.36%
1000～1500 元 /（亩·年）	71.40%	86.70%	56.80%	65.00%	82.90%	93.20%	64.67%	74.38%
1500 元 /（亩·年）以上	5.70%	0.00%	40.50%	7.50%	7.30%	4.50%	34.33%	14.26%

表 2-6　北京市各区退耕还林主管领导退耕意愿所占比例

意愿	门头沟区	延庆区	昌平区	平谷区	房山区	怀柔区	密云区	平均值
自行经营	17.10%	0.00%	37.80%	32.50%	8.20%	11.10%	8.00%	16.39%
流转	77.20%	76.70%	54.10%	65.00%	73.50%	57.40%	90.33%	70.60%
弃管	5.70%	0.00%	0.00%	2.50%	0.00%	7.40%	1.67%	2.47%
复耕	0.00%	3.30%	0.00%	0.00%	2.00%	3.70%	0.00%	1.29%

表 2-7　北京市各区退耕还林主管领导建议不同情况退耕林地补偿意愿

不同情况		门头沟区	延庆区	昌平区	平谷区	房山区	怀柔区	密云区	平均值
不同经营状况	统一	60.00%	86.70%	83.80%	47.50%	92.70%	95.50%	88.62%	79.26%
	分类	40.00%	13.30%	16.20%	52.50%	7.30%	4.50%	11.38%	20.74%
不同生长状况	统一	54.30%	30.00%	75.70%	52.50%	87.80%	95.50%	88.62%	69.20%
	分类	45.70%	70.00%	24.30%	47.50%	12.20%	4.50%	11.38%	30.80%
不同立地条件	统一	54.30%	86.70%	73.00%	55.00%	85.40%	93.20%	88.62%	76.60%
	分类	45.70%	13.30%	27.00%	45.00%	14.60%	6.80%	11.38%	23.40%

表2-8 北京市各区乡镇干部建议流转费所占比例

流转费	门头沟区	延庆区	昌平区	平谷区	房山区	怀柔区	密云区	平均值
1000元/(亩·年)以下	0.00%	0.00%	0.00%	18.00%	0.00%	0.00%	0.00%	2.57%
1000～1500元/(亩·年)	30.00%	100.00%	40.00%	64.00%	10.00%	50.00%	67.00%	51.57%
1500元/(亩·年)以上	70.00%	0.00%	60.00%	18.00%	90.00%	50.00%	33.00%	45.86%

表2-9 北京市各区乡镇干部退耕意愿所占比例

意愿	门头沟区	延庆区	昌平区	平谷区	房山区	怀柔区	密云区	平均值
自行经营	20.00%	0.00%	40.00%	9.00%	10.00%	0.00%	0.00%	11.29%
流转	80.00%	100.00%	60.00%	82.00%	90.00%	82.00%	100.00%	84.86%
弃管	0.00%	0.00%	0.00%	9.00%	0.00%	18.00%	0.00%	3.86%
复耕	0.00%	0.00%	0.00%	0.00%	0.00%	0.00%	0.00%	0.00%

表2-10 北京市各区乡镇干部建议不同情况退耕林地补偿意愿

不同情况		门头沟区	延庆区	昌平区	平谷区	房山区	怀柔区	密云区	平均值
不同经营状况	统一	80.00%	100.00%	70.00%	18.00%	80.00%	90.00%	92.00%	75.71%
	分类	20.00%	0.00%	30.00%	82.00%	20.00%	10.00%	8.00%	24.29%
不同生长状况	统一	100.00%	100.00%	70.00%	64.00%	90.00%	100.00%	92.00%	88.00%
	分类	0.00%	0.00%	30.00%	36.00%	10.00%	0.00%	8.00%	12.00%
不同立地条件	统一	100.00%	100.00%	50.00%	55.00%	90.00%	100.00%	92.00%	83.86%
	分类	0.00%	0.00%	50.00%	45.00%	10.00%	0.00%	8.00%	16.14%

表2-11　北京市各区村干部建议流转费所占比例

流转费	门头沟区	延庆区	昌平区	平谷区	房山区	怀柔区	密云区	平均值
1000元/(亩·年)以下	32.00%	16.00%	4.00%	31.00%	13.00%	3.00%	0.00%	14.14%
1000～1500元/(亩·年)	20.00%	68.00%	11.00%	31.00%	48.00%	79.00%	44.00%	43.00%
1500元/(亩·年)以上	48.00%	16.00%	85.00%	38.00%	39.00%	18.00%	56.00%	42.86%

表2-12　北京市各区村干部退耕意愿所占比例

意愿	门头沟区	延庆区	昌平区	平谷区	房山区	怀柔区	密云区	平均值
自行经营	16.00%	0.00%	37.00%	41.00%	8.00%	14.00%	13.00%	18.43%
流转	76.00%	96.00%	63.00%	59.00%	90.00%	77.00%	87.00%	78.29%
弃管	8.00%	0.00%	0.00%	0.00%	0.00%	4.00%	0.00%	1.71%
复耕	0.00%	4.00%	0.00%	0.00%	2.00%	5.00%	0.00%	1.57%

表2-13　北京市各区村干部建议不同情况退耕林地补偿意愿

不同情况		门头沟区	延庆区	昌平区	平谷区	房山区	怀柔区	密云区	平均值
不同经营状况	统一	52.00%	84.00%	70.00%	58.60%	96.80%	97.10%	77.00%	76.50%
	分类	48.00%	16.00%	30.00%	41.40%	3.20%	2.90%	23.00%	23.50%
不同生长状况	统一	36.00%	16.00%	70.00%	48.30%	87.10%	94.10%	77.00%	61.21%
	分类	64.00%	84.00%	30.00%	51.70%	12.90%	5.90%	23.00%	38.79%
不同立地条件	统一	36.00%	84.00%	50.00%	55.20%	83.90%	91.20%	77.00%	68.19%
	分类	64.00%	16.00%	50.00%	44.80%	16.10%	8.80%	23.00%	31.81%

表 2-14 北京市各区退耕户建议流转费所占比例

流转费	门头沟区	延庆区	昌平区	平谷区	房山区	怀柔区	密云区	平均值
1000 元 /（亩·年）以下	31.00%	37.00%	19.00%	34.00%	10.00%	6.00%	3.00%	20.00%
1000～1500 元 /（亩·年）	51.00%	51.00%	20.00%	54.00%	77.00%	61.00%	83.00%	56.71%
1500 元 /（亩·年）以上	18.00%	12.00%	61.00%	12.00%	13.00%	33.00%	14.00%	23.29%

表 2-15 北京市各区退耕户希望退耕林地处理方式

意愿	门头沟区	延庆区	昌平区	平谷区	房山区	怀柔区	密云区	平均值
自行经营	59.20%	17.00%	28.00%	33.30%	8.80%	0.00%	11.00%	22.51%
流转	24.80%	80.00%	67.00%	61.10%	91.20%	95.00%	84.00%	71.86%
弃管	7.20%	0.00%	0.00%	0.80%	0.00%	0.00%	1.00%	1.29%
复耕	0.80%	1.00%	1.00%	0.80%	0.00%	0.00%	0.00%	0.46%
其他	8.00%	2.00%	4.00%	4.00%	0.00%	5.00%	4.00%	1.86%

2.2 北京市退耕还林工程综合效益

2.2.1 北京市退耕还林工程生态效益

2.2.1.1 北京市退耕还林生态效益物质量评估

2.2.1.1.1 北京市退耕还林生态系统服务功能物质量评估结果

　　根据中华人民共和国国家标准《森林生态系统服务功能评估规范》（GB/T 38582—2020），开展对北京市退耕还林涵养水源、保育土壤、固碳释氧、林木积累营养物质和净化大气环境 5 个类别，18 项指标生态效益物质量的评估，具体评估结果如表 2-16 所示。

　　北京市退耕还林生态系统涵养水源总物质量为 0.55 亿 m³/ 年；固土总物质量为 58.08 万吨 / 年；固定土壤氮、磷、钾和有机质总物质量分别为 0.05 万吨 / 年、0.01 万吨 / 年、0.35 万吨 / 年和 2.53 万吨 / 年；固碳总物质量为 5.22 万吨 / 年，释氧总物质量为 11.70 万吨 / 年；林木积累氮、磷和钾总物质量分别为 11.04 万吨 / 年、0.72 万吨 / 年和 6.80 万吨 / 年；提供负离子总物质量为 5.78×10^{22} 个 / 年；吸收污染物总物质量为 5272.25 吨 / 年（吸收 SO_2 总物质量为 4927.32 吨 / 年，吸收 HF_X 总物质量为 149.41 吨 / 年，吸收 NO_X 总物质量为 195.52 吨 / 年）；滞尘总物质量为 842.28 吨 / 年（滞纳 TSP 总物质量为 456.86 吨 / 年，滞纳 PM10 总物质量为 322.30 吨 / 年，滞纳 PM2.5 总物质量为 63.12 吨 / 年）。

表 2-16　北京市退耕还林生态系统服务功能物质量评估结果

类别	指标		物质量	
涵养水源	调节水量 /（亿 m³ / 年）		0.55	
保育土壤	固土量 /（万吨 / 年）		58.08	
	固氮 /（万吨 / 年）		0.05	
	固磷 /（万吨 / 年）		0.01	
	固钾 /（万吨 / 年）		0.35	
	固有机质 /（万吨 / 年）		2.53	
固碳释氧	固碳 /（万吨 / 年）		5.22	
	释氧 /（万吨 / 年）		11.70	
林木积累营养物质	积累氮 /（万吨 / 年）		11.04	
	积累磷 /（万吨 / 年）		0.72	
	积累钾 /（万吨 / 年）		6.80	
净化大气环境	提供负离子 /（10^{21} 个 / 年）		57.75	
	吸收污染物 /（吨 / 年）	SO_2（二氧化硫）	5272.25	4927.32
		HF_X（氟化物）		149.41
		NO_X（氮氧化物）		195.52
	滞尘 /（吨 / 年）	TSP（悬浮颗粒物）	842.28	456.86
		PM10（粗颗粒物）		322.30
		PM2.5（细颗粒物）		63.12

2.2.1.1.2 北京市各行政区退耕还林生态系统服务功能物质量评估结果

北京市退耕还林共涉及 7 个区，根据评估公式测算各区退耕还林生态系统服务功能的物质量。北京市各区退耕还林生态系统服务功能物质量如表

2-17所示，且各项生态系统服务功能物质量在各区间空间分布格局如图2-16至图2-33所示。

（1）涵养水源

北京市退耕还林涵养水源总量为0.55亿 m³/ 年（图2-16）。退耕还林总面积位居第一的密云区涵养水源物质量最大为0.13亿 m³/ 年，比北京市退耕还林总面积第二的房山区高0.04亿 m³/ 年；密云区、房山区、怀柔区位居前三，占涵养水源总物质量的55.36%；延庆区、平谷区和昌平区位居其下，其涵养水源物质量均在0.05亿～ 0.08亿 m³/ 年，占涵养水源总物质量的36.36%；门

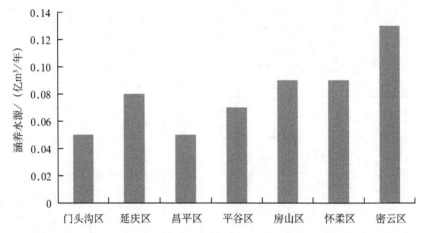

头沟区涵养水源物质量最小，为0.05亿 m³/ 年，占涵养水源总物质量的9.09%。

图 2-16　北京市退耕还林生态系统涵养水源物质量分布

表2-17 北京市各行政区退耕还林生态系统服务功能物质量评估结果

区	涵养水源/（亿m³/年）	保育土壤/（万吨/年）					固碳释氧/（万吨/年）		林木积累营养物质/（万吨/年）			净化大气环境						
---	---	---	---	---	---	---	---	---	---	---	---	提供负离子/（10^{21}个/年）	吸收污染物/（吨/年）			滞尘/（吨/年）		
		固土	固氮	固磷	固钾	固有机质	固碳	释氧	积累氮	积累磷	积累钾		HF_x	NO_x	SO_2	TSP	PM10	PM2.5
门头沟	0.05	4.87	0.004	0.001	0.03	0.21	0.39	0.85	0.68	0.05	0.39	5.06	12.54	15.90	321.55	34.82	24.56	4.81
延庆	0.08	8.31	0.008	0.002	0.05	0.36	0.74	1.66	1.55	0.10	0.95	6.98	19.97	27.77	613.56	56.93	40.08	7.85
昌平	0.05	5.27	0.005	0.001	0.03	0.23	0.45	1.01	0.93	0.06	0.57	5.01	14.45	17.56	423.80	38.18	26.92	5.27
平谷	0.07	6.99	0.007	0.002	0.04	0.31	0.69	1.56	1.69	0.09	1.09	7.75	17.02	23.35	521.23	59.19	41.48	8.11
房山	0.09	9.10	0.008	0.002	0.05	0.39	0.73	1.59	1.31	0.09	0.76	11.42	24.62	29.98	639.52	73.47	52.29	10.24
怀柔	0.09	8.99	0.008	0.002	0.05	0.39	0.81	1.81	1.67	0.11	1.02	8.54	24.46	30.92	934.40	73.29	52.06	10.21
密云	0.13	14.54	0.014	0.003	0.09	0.64	1.42	3.22	3.21	0.21	2.01	12.99	36.34	50.04	1473.25	120.99	84.91	16.62
合计	0.55	58.08	0.05	0.01	0.35	2.53	5.22	11.70	11.04	0.72	6.80	57.75	149.41	195.52	4927.32	456.86	322.30	63.12

（2）保育土壤

北京市退耕还林固土总量为 58.08 万吨 / 年。其中，密云区退耕还林年固土量最多为 14.54 万吨，占北京市退耕还林年固土总量的 25.03%；排前三的密云区、房山区和怀柔区年固土量总和占全市退耕还林年固土总量的 56.18%；门头沟区的退耕还林固土量最少，仅为 4.87 万吨 / 年，占比为 8.38%（图 2-17）。

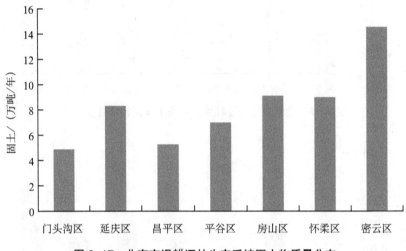

图 2-17　北京市退耕还林生态系统固土物质量分布

退耕还林不仅可以固定土壤，同时还能保持土壤肥力。图 2-18 至图 2-21 为北京市各区退耕还林生态系统氮、磷、钾和有机质保育量，保育土壤氮、磷、钾和有机质分别为 0.05 万吨 / 年、0.01 万吨 / 年、0.35 万吨 / 年和 2.53 万吨 / 年。密云区退耕还林保肥量最多，年固氮、固磷、固钾和固有机质量分别为 0.014 万吨、0.003 万吨、0.093 万吨和 0.639 万吨；门头沟区退耕还林保肥量最少，年固氮、固磷、固钾和固有机质量分别为 0.004 万吨、0.001 万吨、0.028 万吨和 0.209 万吨。

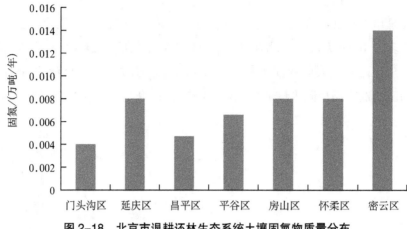

图 2-18 北京市退耕还林生态系统土壤固氮物质量分布

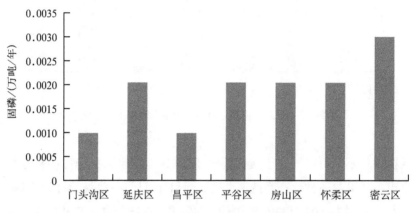

图 2-19 北京市退耕还林生态系统土壤固磷物质量分布

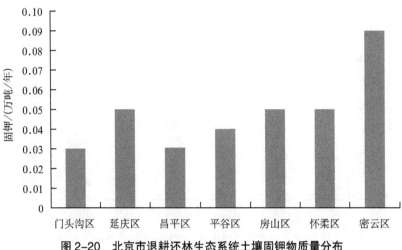

图 2-20 北京市退耕还林生态系统土壤固钾物质量分布

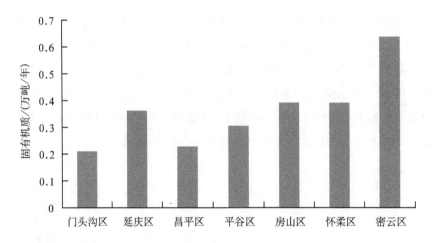

图 2-21 北京市退耕还林生态系统土壤固有机质物质量分布

（3）固碳释氧

如图 2-22 所示，北京市退耕还林各区固碳总量为 5.22 万吨 / 年。密云、怀柔和延庆区的固碳量位居前三，年固碳量分别为 1.42 万吨、0.81 万吨和 0.74 万吨，占全市退耕还林年固碳总量的 56.90%；房山、平谷和昌平区固碳量在 0.45 万～0.73 万吨 / 年；门头沟区年固碳量最少，为 0.39 万吨，仅占北京市退耕还林年固碳总量的 7.47%。

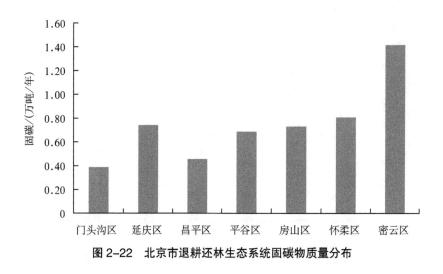

图 2-22 北京市退耕还林生态系统固碳物质量分布

北京市各区退耕还林年释氧量各有不同（图 2-23），全市释氧总量为 11.70 万吨 / 年。密云区的年释氧量最多，为 3.22 万吨，占北京市退耕还林年释氧总量的 27.52%；其次是怀柔、延庆和房山区，年释氧量分别为 1.81 万吨、1.66 万吨和 1.59 万吨；门头沟区的年释氧量最少，仅为 0.85 万吨，占北京市退耕还林年释氧总量的 7.26%。北京市各区退耕还林年释氧量排序为：密云区＞怀柔区＞延庆区＞房山区＞平谷区＞昌平区＞门头沟区。

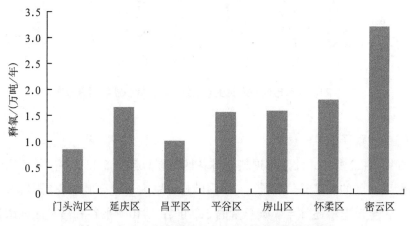

图 2-23 北京市退耕还林生态系统释氧物质量分布

（4）林木积累营养物质

北京市各区退耕还林生态系统林木积累氮量分布如图 2-24 所示，全市退耕还林积累氮总量为 11.04 万吨 / 年。密云区退耕还林年积累氮量最多，为 3.21 万吨，占北京市退耕还林年林木积累氮总量的 29.08%；其次是平谷、怀柔和延庆区，年积累氮量分别为 1.69 万吨、1.67 万吨和 1.55 万吨；门头沟区年积累氮量最少，为 0.68 万吨，仅占北京市退耕还林年林木积累氮总量的 6.16%。北京市各区退耕还林年积累氮量排序为：密云区＞平谷区＞怀柔区＞延庆区＞房山区＞昌平区＞门头沟区。

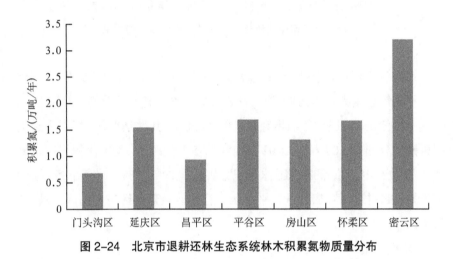

图 2-24 北京市退耕还林生态系统林木积累氮物质量分布

北京市各区退耕还林生态系统林木积累磷量分布如图 2-25 所示，全市退耕还林积累磷总量为 0.72 万吨 / 年。由图可知，密云区的退耕还林年积累磷量最多，为 0.21 万吨，占北京市退耕还林年林木积累磷总量的 29.17%；其次是怀柔、延庆和平谷区，年积累磷量分别为 0.11 万吨、0.10 万吨和 0.09 万吨；门头沟区年积累磷量最少，为 0.05 万吨，占北京市退耕还林年积累磷总量的 6.94%。北京市各区退耕还林年积累磷量排序为：密云区＞怀柔区＞延庆区＞平谷区＞房山区＞昌平区＞门头沟区。

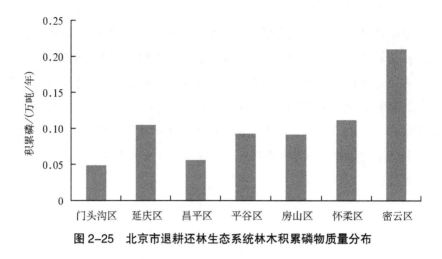

图 2-25　北京市退耕还林生态系统林木积累磷物质量分布

北京市各区退耕还林生态系统林木积累钾量分布如图 2-26 所示，全市退耕还林积累钾总量为 6.80 万吨 / 年。密云区的退耕还林年积累钾量最多，为 2.01 万吨，占北京市退耕还林年积累钾总量的 29.56%；其次是平谷、怀柔和延庆区，年积累钾量分别为 1.09 万吨、1.02 万吨和 0.95 万吨；门头沟区年积累钾量最少，为 0.39 万吨，占北京市退耕还林年积累钾总量的 5.74%。北京市各区退耕还林年积累钾量排序为：密云区＞平谷区＞怀柔区＞延庆区＞房山区＞昌平区＞门头沟区。

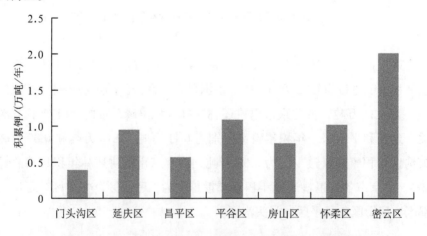

图 2-26　北京市退耕还林生态系统林木积累钾物质量分布

（5）净化大气环境

由图 2-27 可知，全市退耕还林提供负离子总量为 57.75×10^{21} 个 / 年。北京市各区退耕还林生态系统年提供负离子量密云区、房山区和怀柔区位居前三，年提供负离子量分别为 12.99×10^{21} 个、11.42×10^{21} 个和 8.54×10^{21} 个；平谷、延庆和门头沟区年提供负离子量在 $5.06 \times 10^{21} \sim 7.75 \times 10^{21}$ 个；昌平区年提供负离子量最少，为 5.01×10^{21} 个，占北京市退耕还林年提供负离子总量的 8.68%。

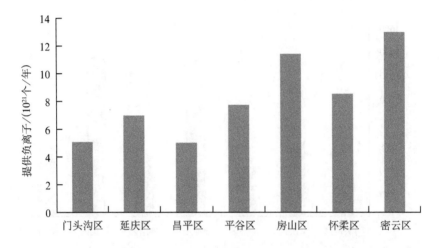

图 2-27　北京市退耕还林生态系统提供负离子物质量空间分布

北京市各区退耕还林生态系统吸收 SO_2 物质量分布如图 2-28 所示，全市退耕还林吸收 SO_2 总量为 4927.32 吨 / 年。密云、怀柔和房山区年吸收 SO_2 量排前三，年吸收 SO_2 量分别为 1473.25 吨、934.40 吨和 639.52 吨，排名第一的密云区占北京市退耕还林年吸收 SO_2 总量的 29.90%；延庆区、平谷区和昌平区的年吸收 SO_2 量在 $423.80 \sim 613.56$ 吨；最少的是门头沟区，年吸收 SO_2 量为 321.55 吨，占北京市退耕还林年吸收 SO_2 总量的 6.53%。北京市各区退耕还林年吸收 SO_2 量排序为：密云区＞怀柔区＞房山区＞延庆区＞平谷区＞昌平区＞门头沟区。

北京市各区退耕还林生态系统吸收 HF_X 和 NO_X 物质量分布如图 2-29 至图 2-30 所示，全市退耕还林吸收 HF_X 和 NO_X 总量分别为 149.41 吨 / 年和 195.52 吨 / 年。密云区退耕还林年吸收 HF_X（36.34 吨）和 NO_X（50.04 吨）最多，分别占北京市退耕还林年吸收 HF_X 和 NO_X 总量的 24.32% 和 25.59%；门头沟区年吸收 HF_X 和 NO_X 最少，分别为 12.54 吨和 15.90 吨，仅占北京市退耕还林年吸收 HF_X 和 NO_X 总量的 8.39% 和 8.13%。北京市各区退耕还林年吸收 HF_X 的排序为：密云区＞房山区＞怀柔区＞延庆区＞平谷区＞昌平区＞门头沟区。北京市各区退耕还林年吸收 NO_X 的排序为：密云区＞怀柔区＞房山区＞延庆区＞平谷区＞昌平区＞门头沟区。

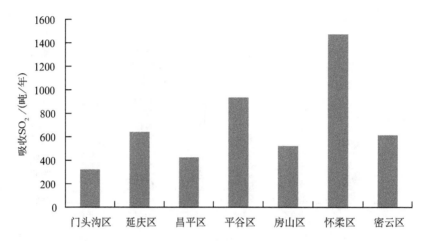

图 2-28　北京市退耕还林生态系统吸收 SO_2 物质量空间分布

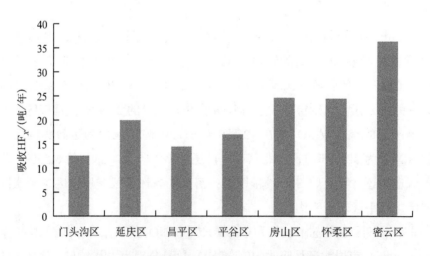

图 2-29　北京市退耕还林生态系统吸收 HF_X 物质量分布

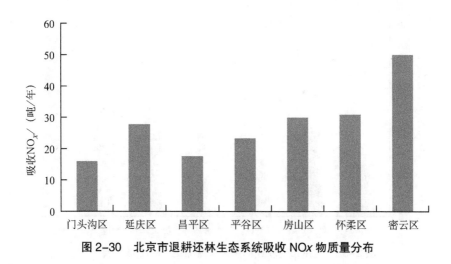

图 2-30 北京市退耕还林生态系统吸收 NO*x* 物质量分布

如图 2-31 至图 2-33 所示，北京市各区退耕还林生态系统滞纳 TSP、PM10 和 PM2.5 的总量分别为 456.86 吨 / 年、322.30 吨 / 年和 63.12 吨 / 年，密云区退耕还林滞纳 TSP、PM10 和 PM2.5 量最多，其年滞纳 TSP、PM10 和 PM2.5 量分别为 120.99 吨、84.91 吨和 16.62 吨，分别占相应总量的 26.48%、26.34% 和 26.33%；门头沟区退耕还林年滞纳 TSP、PM10 和 PM2.5 最少，分别为 34.82 吨、24.56 吨和 4.81 吨，均占相应总量的 7.62%。北京市各区退耕还林年滞纳 TSP、PM10 和 PM2.5 量排序均为：密云区＞房山区＞怀柔区＞平谷区＞延庆区＞昌平区＞门头沟区。

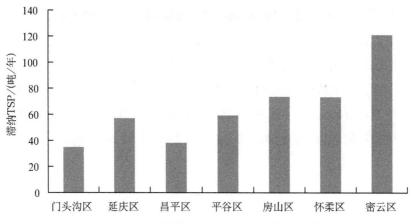

图 2-31 北京市退耕还林生态系统滞纳 TSP 物质量分布

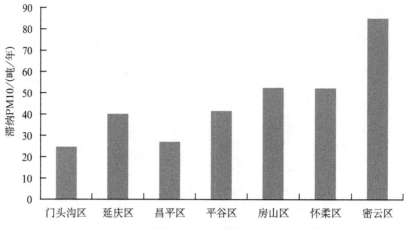

图 2-32　北京市退耕还林生态系统滞纳 PM10 物质量分布

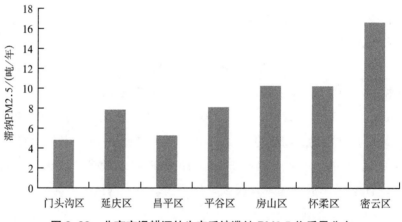

图 2-33　北京市退耕还林生态系统滞纳 PM2.5 物质量分布

2.2.1.1.3 北京市不同退耕还林树种生态系统服务功能物质量评估结果

基于北京市退耕还林资源数据，依据中华人民共和国国家标准《森林生态系统服务功能评估规范》（GB/T 38582—2020），计算了不同退耕还林树种生态系统服务功能的物质量，如表 2-18 和图 2-34 至图 2-51 所示。

（1）涵养水源

北京市涵养水源物质量最高的 4 种退耕还林树种为板栗、仁用杏、核桃和柿子，分别为 0.173 亿 m³/年、0.084 亿 m³/年、0.071 亿 m³/年和 0.032 亿 m³/年，占全市涵养水源总量的 65.45%；最少的 3 种退耕还林树种为山楂、樱桃和李子，涵养水源量分别为 0.002 亿 m³/年、0.003 亿 m³/年和 0.007 亿 m³/年，仅占全市总量的 2.18%（图 2-34）。板栗、仁用杏、核桃和柿子涵养水源功能对于北京市水资源安全起着非常重要的作用，可为人们的生产生活提供安全健康的水源。另外，北京市许多重要的水库和湿地也位于上述板栗、仁用杏、核桃和柿子种植密集的区域，退耕还林生态系统调节水量功能可以保障水库和湿地的水资源供给，为人们的生产生活安全提供了一道绿色屏障。

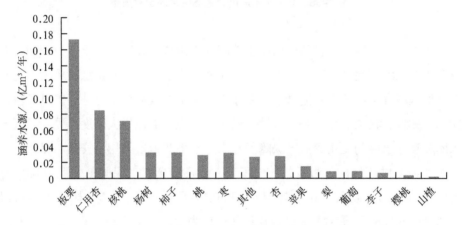

图 2-34 北京市不同退耕还林树种涵养水源物质量

（2）保育土壤

由评估结果可知，板栗、仁用杏、核桃和杨树这 4 种退耕还林树种的保育土壤物质量排前 4 位，分别为 17.37 万吨/年、8.48 万吨/年、7.05 万吨/年和 5.77 万吨/年，占全市保育土壤总量的 66.58%；最少的 3 种退耕还林树种为山楂、樱桃和李子，分别为 0.19 万吨/年、0.62 万吨/年和 0.66 万吨/年，仅占全市保育土壤总量的 2.53%（图 2-35）。

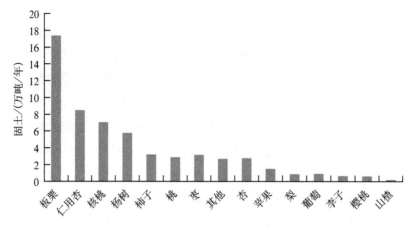

图 2-35　北京市不同退耕还林树种固土物质量

　　板栗、仁用杏、核桃和杨树固土功能的作用体现在防治水土流失方面，多分布于北京北部地区，对于维护北京市北部饮用水的生态安全意义重大，为北京北部区域社会经济发展提供了重要保障，为生态效益科学化补偿提供了数据支撑。此外，板栗、仁用杏、核桃和杨树的固土功能还极大限度地提高了密云水库和官厅水库的使用寿命，保障了北京乃至华北地区的用水安全。保肥量最高的 4 种退耕还林树种为板栗、仁用杏、核桃和杨树，保肥量分别为 0.87 万吨 / 年、0.42 万吨 / 年、0.35 万吨 / 年和 0.34 万吨 / 年，这 4 个树种占全市保肥总量的 67.16%；最低的 3 种退耕还林树种为山楂、樱桃和李子，分别为 0.01万吨 / 年、0.03 万吨 / 年和 0.03 万吨 / 年，仅占全市保肥总量的 2.37%（图 2-36至图 2-39）。

　　退耕还林生态系统的保育土壤功能对于保障生态环境安全具有非常重要的作用。综合来看，在北京市所有退耕还林树种中，板栗、仁用杏、核桃和杨树的保育土壤功能最大，为北京市社会经济的发展提供重要保障（表 2-18）。

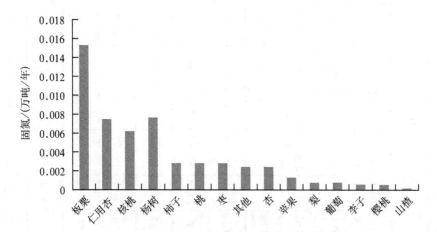

图2-36 北京市不同退耕还林树种土壤固氮物质量

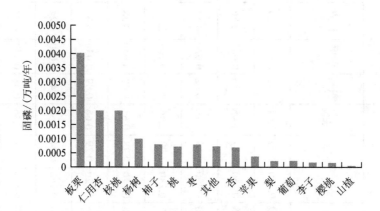

图2-37 北京市不同退耕还林树种土壤固磷物质量

表2-18 北京市退耕还林树种生态系统服务功能物质量评估结果

树种	涵养水源/（亿m³/年）	保育土壤/（万吨/年）					固碳释氧/（万吨/年）		林木积累营养物质/（万吨/年）			提供负离子/（10²¹个/年）	净化大气环境					
													吸收污染物/（吨/年）			滞尘/（吨/年）		
		固土	固氮	固磷	固钾	固有机质	固碳	释氧	积累氮	积累磷	积累钾		HFx	NOx	SO₂	TSP	PM10	PM2.5
板栗	0.173	17.37	0.015	0.004	0.099	0.750	1.39	3.04	2.42	0.170	1.39	15.48	54.40	61.01	2261.99	141.77	99.24	19.42
仁用杏	0.084	8.48	0.007	0.002	0.048	0.360	0.67	1.45	1.16	0.080	0.66	7.34	23.08	27.80	531.42	48.92	34.25	6.70
核桃	0.071	7.05	0.006	0.002	0.040	0.300	0.54	1.16	0.92	0.070	0.53	12.97	18.77	23.10	480.08	76.49	53.54	10.48
杨树	0.032	5.77	0.008	<0.001	0.055	0.280	1.00	2.46	3.31	0.200	2.26	4.12	1.49	19.88	296.97	57.79	40.46	7.92
柿子	0.032	3.20	0.003	<0.001	0.018	0.140	0.28	0.61	0.49	0.040	0.28	3.51	9.27	10.49	194.84	21.19	15.00	2.90
桃	0.029	2.88	0.003	<0.001	0.016	0.120	0.29	0.66	0.89	0.030	0.61	2.35	8.00	9.43	183.71	19.55	13.68	2.68
枣	0.031	3.16	0.003	<0.001	0.018	0.140	0.24	0.52	0.41	0.030	0.24	3.07	8.05	10.36	226.30	21.06	14.74	2.89
其他	0.027	2.69	0.002	<0.001	0.016	0.120	0.21	0.46	0.38	0.030	0.22	3.03	5.79	8.94	199.89	22.67	17.74	3.54
杏	0.027	2.76	0.002	<0.001	0.016	0.120	0.22	0.47	0.38	0.030	0.22	2.39	7.52	9.05	173.07	15.93	11.15	2.18

续表

树种	涵养水源/(亿m³/年)	保育土壤/(万吨/年)					固碳释氧/(万吨/年)		林木积累营养物质/(万吨/年)			提供负离子/(10²¹个/年)	净化大气环境					
		固土	固氮	固磷	固钾	固有机质	固碳	释氧	积累氮	积累磷	积累钾		吸收污染物/(吨/年)			滞尘/(吨/年)		
													HFx	NOx	SO₂	TSP	PM10	PM2.5
苹果	0.015	1.49	0.001	<0.001	0.008	0.060	0.13	0.30	0.24	0.020	0.14	1.12	4.23	4.89	119.42	9.24	6.47	1.27
梨	0.009	0.87	<0.001	<0.001	0.005	0.040	0.08	0.18	0.14	0.010	0.08	0.71	2.52	2.85	68.01	5.69	3.99	0.78
葡萄	0.009	0.90	<0.001	<0.001	0.005	0.040	0.06	0.12	0.08	0.007	0.05	0.38	2.43	2.94	73.88	4.56	3.65	0.73
李子	0.007	0.66	<0.001	<0.001	0.004	0.030	0.05	0.10	0.08	0.006	0.05	0.62	1.75	2.15	50.30	3.78	2.65	0.52
樱桃	0.003	0.62	<0.001	<0.001	0.004	0.030	0.06	0.13	0.11	0.008	0.06	0.52	1.60	2.01	52.77	7.04	4.93	0.96
山楂	0.002	0.19	<0.001	<0.001	0.001	0.008	0.01	0.03	0.03	0.002	0.01	0.15	0.52	0.63	14.67	1.17	0.82	0.16
总计	0.550	58.08	0.054	0.014	0.350	2.530	5.22	11.70	11.04	0.720	6.80	57.75	149.41	195.52	4927.32	456.86	322.30	63.12

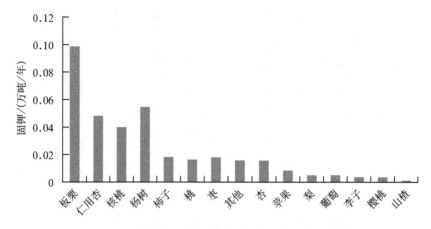

图 2-38 北京市不同退耕还林树种土壤固钾物质量

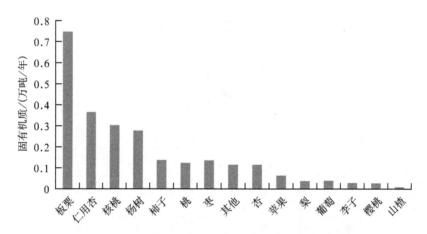

图 2-39 北京市不同退耕还林树种土壤固有机质物质量

（3）固碳释氧

由图 2-40 可知，板栗、杨树、仁用杏和核桃这 4 种退耕还林树种的固碳量最高，年固碳量分别为 1.39 万吨 / 年、1.00 万吨 / 年、0.67 万吨 / 年和 0.54 万吨 / 年，占北京市退耕还林固碳总量的 68.97%；固碳量最低的 4 种退耕还林树种为山楂、李子、葡萄和樱桃，年固碳量分别为 0.01 万吨 / 年、0.05 万吨 / 年、0.06 万吨 / 年和 0.06 万吨 / 年，仅占北京市退耕还林固碳总量的 3.45%。不同退耕还林树种固碳量高低为：板栗＞杨树＞仁用杏＞核桃＞桃＞柿子＞枣＞杏＞其他＞苹果＞梨＞樱桃＞葡萄＞李子＞山楂。排前四的退耕还林树种年固碳总量之和为 3.60 万吨。可见，板栗、杨树、仁用杏和核桃在固碳方面的作用尤为突出。释氧量最高的 4 种退耕还林树种为板栗、杨树、仁用杏和核桃，年释氧量分别为 3.04 万吨、2.46 万吨、1.45 万吨和 1.16 万吨，占北京市退耕还林释氧总量的 69.32%；释氧量最低的 3 种退耕还林树种为山楂、李子和葡萄，年释氧量分别为 0.03 万吨、0.10 万吨和 0.12 万吨，仅占北京市退耕还林释氧总量的 2.14%（图 2-41）。不同退耕还林树种释氧量高低为：板栗＞杨树＞仁用杏＞核桃＞桃＞柿子＞枣＞杏＞其他＞苹果＞梨＞樱桃＞葡萄＞李子＞山楂。

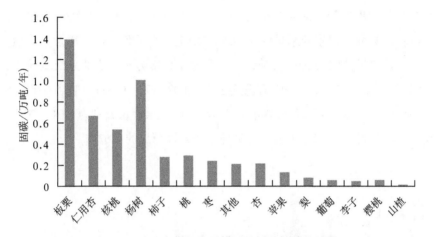

图 2-40 北京市不同退耕还林树种固碳物质量

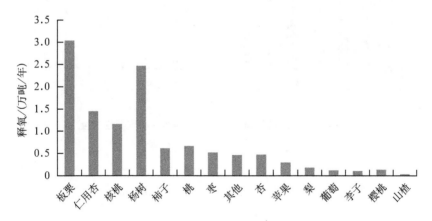

图 2-41 北京市不同退耕还林树种释氧物质量

（4）林木积累营养物质

图 2-42 至图 2-43 为北京市不同退耕还林树种林木积累氮和磷物质量，均以杨树、板栗、仁用杏和核桃积累营养物质量最多，这 4 种退耕还林树种年积累氮量分别为 3.31 万吨、2.42 万吨、1.16 万吨和 0.92 万吨，占北京市退耕还林林木积累氮总量的 70.74%；年积累磷量分别为 0.20 万吨、0.17 万吨、0.08 万吨和 0.07 万吨，占北京市退耕还林林木积累磷总量的 72.22%。图 2-44 为北京市不同退耕还林树种林木积累钾物质量，杨树、板栗、仁用杏和桃积累营养物质量最多，年积累钾量分别为 2.26 万吨、1.39 万吨、0.66 万吨和 0.61 万吨，占北京市退耕还林林木积累钾总量的 72.35%。山楂、李子和葡萄积累营养物质量最少，年积累氮量分别为 0.03 万吨、0.08 万吨和 0.08 万吨，占北京市退耕还林林木积累氮总量的 1.72%；年积累磷量分别为 0.002 万吨、0.006 万吨和 0.007 万吨，占北京市退耕还林林木积累磷总量的 2.08%；年积累钾量分别为 0.01 万吨、0.05 万吨和 0.05 万吨，占北京市退耕还林林木积累钾总量的 1.62%。

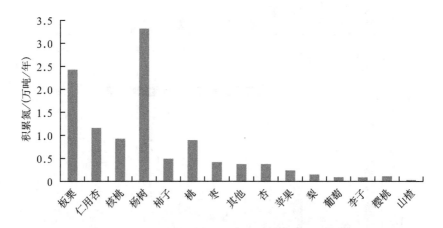

图 2-42 北京市不同退耕还林树种林木积累氮物质量

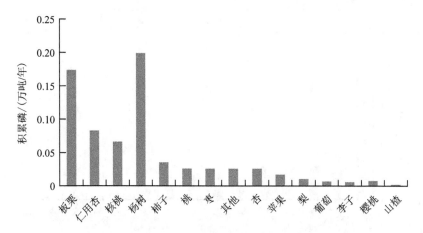

图 2-43　北京市不同退耕还林树种林木积累磷物质量

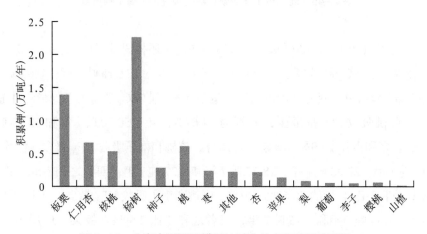

图 2-44　北京市不同退耕还林树种林木积累钾物质量

（5）净化大气环境

由图 2-45 可知，北京市不同退耕还林树种以板栗、核桃、仁用杏和杨树提供负离子量最多，分别为 15.48×10^{21} 个 / 年、12.97×10^{21} 个 / 年、7.34×10^{21} 个 / 年和 4.12×10^{21} 个 / 年，占北京市退耕还林提供负离子总量的 69.11%；山楂、葡萄和樱桃提供负离子量最少，分别为 0.15×10^{21} 个 / 年、0.38×10^{21} 个 / 年和 0.52×10^{21} 个 / 年，仅占北京市退耕还林提供负离子总量的 1.82%。板栗、核桃、仁用杏和杨树生态系统所产生的空气负离子，对于提升北京市旅游资源质量具有十分重要的作用。

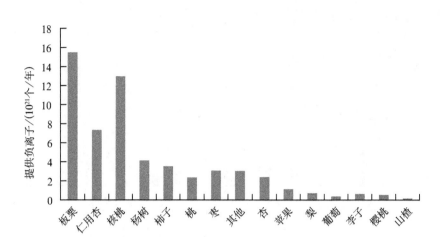

图 2-45　北京市不同退耕还林树种提供负离子物质量

由图 2-46 至图 2-48 可知，北京市不同退耕还林树种以板栗、仁用杏、核桃和杨树吸收 SO_2 量最多，分别为 2261.99 吨 / 年、531.42 吨 / 年、480.08 吨 / 年和 296.97 吨 / 年，四者之和占北京市退耕还林吸收 SO_2 总量的 72.46%；山楂、李子和樱桃吸收 SO_2 量最少，分别为 14.67 吨 / 年、50.30 吨 / 年和 52.77 吨 / 年，三者之和占比 2.39%。板栗、仁用杏、核桃和柿子吸收 HF_X 最多，分别为 54.40 吨 / 年、23.08 吨 / 年、18.77 吨 / 年和 9.27 吨 / 年，四者之和占北京市退耕还林吸收 HF_X 总量的 70.62%；山楂、樱桃和李子吸收 HF_X 最少，分别为 0.52 吨 / 年、1.60 吨 / 年和 1.75 吨 / 年，三者之和占比 2.59%。板栗、仁用杏、核桃和杨树吸收 NO_X 最多，分别为 61.01 吨 / 年、27.80 吨 / 年、23.10 吨 / 年和 19.88 吨 / 年，占北京市退耕还林吸收 NO_X 总量的 67.40%；山楂、樱桃和李子吸收 NO_X 量最少，分别为 0.63 吨 / 年、2.01 吨 / 年和 2.15 吨 / 年，三者之和占比 2.45%。

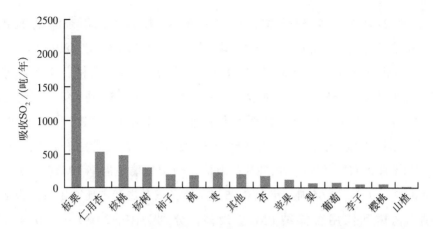

图 2-46　北京市不同退耕还林树种吸收 SO$_2$ 物质量

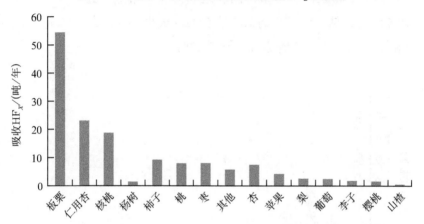

图 2-47　北京市不同退耕还林树种吸收 HF$_x$ 物质量

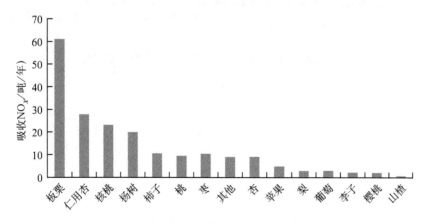

图 2-48　北京市不同退耕还林树种吸收 NO$_x$ 物质量

由图 2-49 至图 2-51 可知，板栗、核桃、杨树和仁用杏滞纳 TSP 最多，分别为 141.77 吨 / 年、76.49 吨 / 年、57.79 吨 / 年和 48.92 吨 / 年，四者之和占北京市退耕还林滞纳 TSP 总量的 71.13%；山楂、李子和葡萄滞纳 TSP 最少，分别为 1.17 吨 / 年、3.78 吨 / 年和 4.56 吨 / 年，三者之和占比 2.08%。板栗、核桃、杨树和仁用杏滞纳 PM10 最多，分别为 99.24 吨 / 年、53.54 吨 / 年、40.46 吨 / 年和 34.25 吨 / 年，四者之和占北京市退耕还林滞纳 PM10 总量的 70.58%；山楂、李子和葡萄滞纳 PM10 最少，分别为 0.82 吨 / 年、2.65 吨 / 年和 3.65 吨 / 年，三者之和占比 2.21%。板栗、核桃、杨树和仁用杏滞纳 PM2.5 最多，分别为 19.42 吨 / 年、10.48 吨 / 年、7.92 吨 / 年和 6.70 吨 / 年，四者之和占北京市退耕还林滞纳 PM2.5 总量的 70.53%；山楂、李子和葡萄滞纳 PM2.5 最少，分别为 0.16 吨 / 年、0.52 吨 / 年和 0.73 吨 / 年，三者之和占比 2.23%。

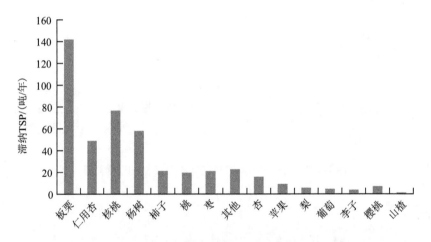

图 2-49　北京市不同退耕还林树种滞纳 TSP 物质量

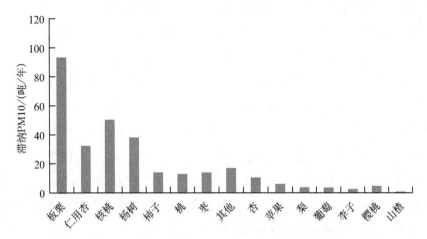

图 2-50 北京市不同退耕还林树种滞纳 PM10 物质量

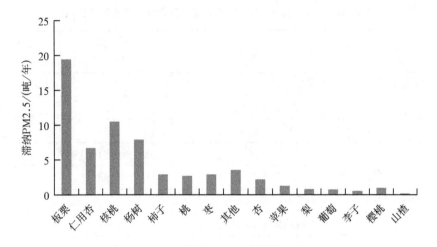

图 2-51 北京市不同退耕还林树种滞纳 PM2.5 物质量

2.2.1.2 北京市退耕还林生态效益价值量评估

依据中华人民共和国国家标准《森林生态系统服务功能评估规范》（GB/T 38582—2020），采用生态效益评估分布式测算方法，从涵养水源、保育土壤、固碳释氧、林木积累营养物质、净化大气环境和生物多样性保护 6 个方面对北京市退耕还林生态系统服务功能价值量进行科学评估，探讨北京市各区退耕还林生态效益价值量。

2.2.1.2.1 北京市退耕还林生态系统服务功能价值量评估结果

北京市退耕还林生态系统服务功能价值量评估是指从货币价值量角度对退耕还林提供的服务进行定量评估。如表 2-19 和图 2-52 所示，北京市退耕还林生态系统每年产生的生态服务总价值量为 18.92 亿元。其中，涵养水源价值量最大为 7.79 亿元/年，占北京市退耕还林生态系统服务功能总价值量的 41.17%；固碳释氧价值量次之（5.06 亿元/年），占比为 26.74%；净化大气环境价值量排第三（3.26 亿元/年），占比为 17.23%；林木积累营养物质价值量最小（0.32 亿元/年），占比为 1.69%。各项功能价值量大小排序为：涵养水源＞固碳释氧＞净化大气环境＞生物多样性保护＞保育土壤＞林木积累营养物质。

表 2-19　北京市退耕还林生态系统服务功能价值量评估结果

类别	指标		价值量/（亿元/年）	总价值/（亿元/年）
涵养水源	调节水量、净化水质/（亿元/年）		7.79	
保育土壤	固土/（亿元/年）		0.27	0.80
	保肥/（亿元/年）		0.53	
固碳释氧	固碳/（亿元/年）		0.51	5.06
	释氧/（亿元/年）		4.54	
林木积累营养物质	积累氮磷钾/（亿元/年）		0.32	
净化大气环境	提供负离子/（亿元/年）		0.004	3.26
	吸收污染物/（万元/年）	SO_2（二氧化硫）	0.07	
		HFx（氟化物）	0.001	
		NOx（氮氧化物）	0.001	
	滞尘/（亿元/年）	TSP（总悬浮颗粒物）	0.0007	
		PM10（粗颗粒物）	0.10	
		PM2.5（细颗粒物）	3.16	
生物多样性保护	物种保育/（亿元/年）		1.70	
总计/（亿元/年）			18.92	

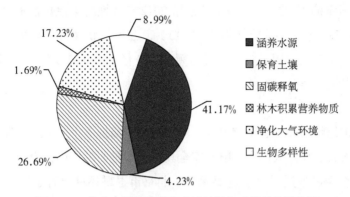

图 2-52　北京市退耕还林生态系统服务功能价值量比例

（1）涵养水源

北京市退耕还林生态系统所提供的诸项服务中，涵养水源功能的价值量所占比例最高，年涵养水源总价值量为 7.79 亿元，占退耕还林生态系统服务功能总价值量的 41.17%，相当于北京市 2015 年全社会固定资产投资 7990.90 亿元的 0.10%（北京统计年鉴，2016），也相当于北京市 2015 年第一产业 111.00 亿元和第二产业 677.10 亿元总投资的 7.02% 和 1.15%（北京统计年鉴，2016）。可见，北京市退耕还林涵养水源功能产生的巨大价值。

（2）固碳释氧

固碳释氧功能价值量（5.06 亿元 / 年）占北京市退耕还林生态系统服务功能总价值量的比例较高（26.69%）。主要是因为北京市退耕还林选用的多为中幼龄林，而中幼龄林处于快速成长期，在适宜的生长条件下，相对于成熟林或过熟林具有更长的固碳期，累积的固碳量会更多（国家林业局，2015）；且退耕还林人工管理强，在人为培育和适宜的生长环境下，林木质量好，林分净生产力高。北京市年平均降水量在 650 mm 左右，退耕还林林分净生产力普遍较高，故北京市退耕还林生态系统固碳释氧功能较强。

（3）净化大气环境

北京市退耕还林能够有效地起到提供负离子、吸收污染物和滞纳颗粒物的作用，从而维护人居环境安全，有利于区域生态文明的建设，最终实现北京社会、经济与环境的可持续发展。北京市退耕还林净化大气环境功能的价值量所占比例也较高，年净化大气环境总价值量为 3.26 亿元，占退耕还林生态系统服务功能总价值量的 17.23%，相当于北京市 2012 年环境污染治理投资总额 342.60 亿元的 0.95%（中国环境统计年鉴，2013），占北京市 2014 年电力、热力燃气及水生产和供应业等固定资产投资总额 353.10 亿元的 0.92%（北京市国民经济和社会发展统计公报，2014）。

（4）保育土壤

北京市退耕还林生态系统保育土壤功能对于降低洪水、泥石流等灾害所造成的经济损失、保障人民生命财产安全具有非常重要的作用，为本地区的生态安全和社会经济发展提供了重要保障。北京市退耕还林保育土壤总价值量为 0.80 亿元 / 年（表 2-19），相当于北京市 2015 年水利、环境和公共设施管理业投资总额 180.50 亿元的 0.44%（北京统计年鉴，2016）。

（5）林木积累营养物质

林木积累营养物质可使土壤中部分养分元素暂时保存在植物体内，在之后的生命循环周期内再归还到土壤中，这样可以降低因水土流失而带来的养分元素损失。北京市退耕还林林木积累营养物质总价值为 0.32 亿元 / 年，相当于 2014 年北京市园林绿化总投资 67.70 亿元的 0.47%（北京统计年鉴，2015）。

（6）生物多样性保护

生物多样性是指物种生境的生态复杂性与生物多样性、变异性之间的复杂关系，它具有物种多样性、遗传多样性、生态系统多样性和景观多样性等多个层次。北京市退耕还林生态系统具有丰富多样的动植物资源，为动植物提供了丰富的食物资源、安全栖息地，保育了物种多样性。北京市退耕还林生物多样性保护总价值量为 1.70 亿元 / 年（表 2-19），相当于北京市 2015 年农、林、牧、渔业总收入 142.60 亿元的 1.19%（北京统计年鉴，2016）。

表2-20　北京市各区退耕还林生态系统服务功能价值量评估结果

区	涵养水源/(亿元/年)	保育土壤/(亿元/年)	固碳释氧/(亿元/年)	林木积累营养物质/(亿元/年)	净化大气环境/(亿元/年)								生物多样性保护/(亿元/年)	合计/(亿元/年)	比例
					提供负离子/(×10⁻⁴)	吸收污染物			滞尘						
						HFx/(×10⁻⁸)	NOx/(×10⁻⁸)	SO₂/(×10⁻⁷)	TSP/(×10⁻⁴)	PM₁₀/(×10⁻²)	PM2.5				
门头沟	0.676	0.065	0.367	0.020	3.776	0.928	1.075	4.347	0.560	0.800	0.241		0.142	1.520	8.034%
延庆	1.107	0.113	0.718	0.043	5.251	1.478	1.877	8.295	0.916	1.305	0.393		0.243	2.631	13.906%
昌平	0.726	0.070	0.437	0.026	3.744	1.070	1.187	5.730	0.614	0.876	0.263		0.154	1.686	8.911%
平谷	0.922	0.096	0.675	0.050	5.745	1.260	1.578	7.047	0.953	1.350	0.405		0.204	2.368	12.516%
房山	1.278	0.122	0.691	0.036	8.465	1.823	2.027	8.646	1.183	1.702	0.512		0.266	2.924	15.455%
怀柔	1.211	0.124	0.781	0.050	6.406	1.688	2.090	12.633	1.180	1.695	0.511		0.263	2.957	15.629%
密云	1.870	0.204	1.389	0.090	9.745	2.691	3.383	19.910	1.947	2.764	0.832		0.424	4.838	25.571%
总计	7.790	0.795	5.058	0.315	43.132	10.938	13.217	66.608	7.353	10.492	3.157		1.696	18.924	100.000%

2.2.1.2.2 北京市各区退耕还林生态系统服务功能价值量评估结果

北京市各区退耕还林各项生态系统服务功能价值量评估结果及所占比例如表2-20和图2-53所示。密云区退耕还林生态系统服务功能价值量最大，为4.84亿元/年，占北京市退耕还林生态系统服务功能总价值量的25.56%；其次是怀柔区和房山区，价值量分别为2.96亿元/年和2.92亿元/年，占比分别为15.63%和15.45%；昌平区和门头沟区退耕还林生态系统服务功能价值量最小，分别为1.69亿元/年和1.52亿元/年，占比分别为8.91%和8.03%。

北京市7个区退耕还林生态系统服务功能价值量大小排序为：密云区（4.84亿元/年）＞怀柔区（2.96亿元/年）＞房山区（2.92亿元/年）＞延庆区（2.63亿元/年）＞平谷区（2.37亿元/年）＞昌平区（1.69亿元/年）＞门头沟区（1.52亿元/年）。各区价值量差异较大，总体呈现出由北至南逐渐减小的趋势，这是由于各区退耕面积大小不一致，且其排序基本与退耕还林生态效益价值量排序相一致，可见退耕还林工程实施面积为各区价值量差异的主要影响因素。另外，北京市人民政府发布的《北京城市总体规划（2016年—2035年）》中指出，房山区和昌平区位于平原地区的新城，是承接中心城区适宜功能和人口疏解的重点地区，是推进京津冀协同发展的重要区域。而密云、怀柔、延庆、平谷和门头沟区山区属于京津冀协同发展格局中西北部生态涵养区的重要组成部分，是保障首都可持续发展的关键区域，前期功能定位逐步改善造成各区主要的发展定位目标有所不同，影响森林生态效益成效。除此以外，各区退耕还林工程树种组成、立地条件和气象因子等也在一定程度上影响其各自生态系统服务价值量。如怀柔区退耕面积虽然小于房山区和延庆区，但生态效益却高出延庆区12.39%，这是由于怀柔区主要退耕林分类型为生态林，在吸收二氧化硫、滞尘和保育土壤方面具有较大优势，且退耕地的坡度普遍较低，退耕树种生长状况优良，能较大发挥其生态效益。

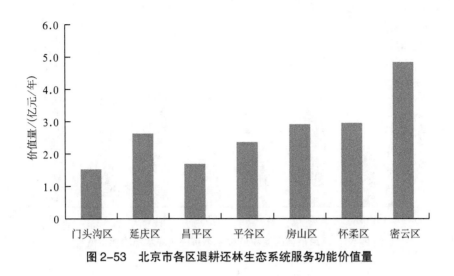

图 2-53　北京市各区退耕还林生态系统服务功能价值量

（1）涵养水源

由表 2-20 可知，密云区、房山区和怀柔区涵养水源总价值量排在前 3 位，占全市涵养水源总价值的 55.96%；平谷区、昌平区和门头沟区排在后 3 位，年涵养水源价值量分别为 0.92 亿元、0.73 亿元和 0.68 亿元。由此可知，密云区、房山区和怀柔区退耕还林生态系统涵养水源功能对于北京市水源安全至关重要。2015 年，北京市水生产与供应业固定资产投资额为 113.30 亿元（北京统计年鉴，2016），北京市退耕还林生态系统涵养水源功能价值量占该部分投资额度的 6.88%，可见北京市退耕还林生态系统在涵养水源方面贡献显著，充分发挥着 "绿色水库" 的功能。从图 2-54 可知，北京市各区退耕还林涵养水源价值分布具有一定的规律，从北至南呈减小趋势，这与各区的坡度、地势、快速径流量及退耕还林面积具有较大关系。这种分布规律也与相同生境的北京市退耕还林生态系统服务功能价值量的评估结果相符。

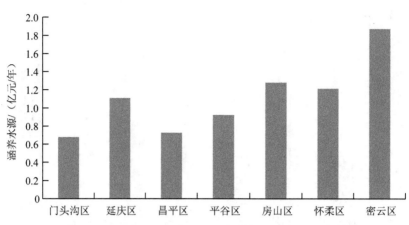

图2-54　北京市各区退耕还林生态系统涵养水源功能价值量

（2）保育土壤

保育土壤价值量最高的3个区依次为密云区、怀柔区和房山区，价值量分别为0.20亿元/年、0.12亿元/年和0.12亿元/年，占保育土壤总价值量的56.60%（表2-20、图2-55），相当于北京市2015年第一产业140.20亿元的0.32%（北京统计年鉴，2016）。北京市退耕还林生态系统保育土壤功能将在未来北京水土保持规划中起到积极作用。

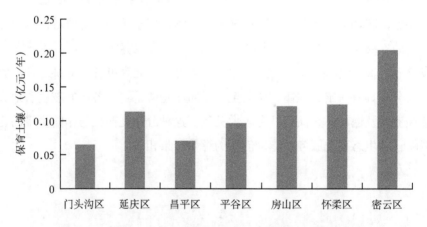

图2-55　北京市各区退耕还林生态系统保育土壤功能价值量

（3）固碳释氧

北京市退耕还林生态系统作为绿色碳库，其固碳释氧功能为维护区域生态安全同样也起到了重要的作用。北京市退耕还林固碳释氧总价值为5.06亿元/年，各区固碳释氧功能价值量空间分布如图2-56所示，密云区固碳释氧价值量最高，为1.39亿元/年；其次为怀柔区（0.78亿元/年）和延庆区（0.72亿元/年）；门头沟区最低，为0.37亿元/年，仅占北京市退耕还林固碳释氧总价值的7.26%。

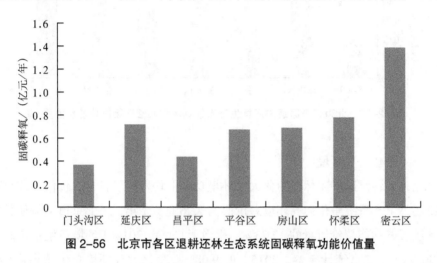

图2-56　北京市各区退耕还林生态系统固碳释氧功能价值量

（4）林木积累营养物质

北京市各区退耕还林积累营养物质功能价值量差异较小。其中，林木积累营养物质价值量最高的3个区分别为密云、平谷和怀柔区，分别为0.09亿元/年、0.05亿元/年和0.05亿元/年，占北京市退耕还林林木积累营养物质总价值的59.38%；门头沟区林木积累营养物质价值量最低，为0.02亿元/年，占北京市退耕还林林木积累营养物质总价值的6.25%（图2-57）。

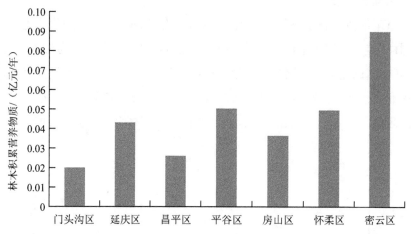

图 2-57　北京市各区退耕还林生态系统林木积累营养物质功能价值量

（5）净化大气环境

北京市各区退耕还林在净化大气环境功能上均发挥了各自的价值。北京市退耕还林生态系统净化大气环境总价值为 3.26 亿元 / 年，占北京市退耕还林生态系统服务功能总价值量的 17.23%，相当于北京市 2014 年环境卫生投资总额 35.90 亿元（北京统计年鉴，2015）的 9.08%；净化大气环境总价值最高的 3 个区分别是密云区、房山区和怀柔区，分别为 0.86 亿元 / 年、0.53 亿元 / 年和 0.53 亿元 / 年，占北京市退耕还林净化大气环境功能总价值的 58.90%；门头沟区最低（0.25 亿元 / 年）（图 2-58）。各区退耕还林净化大气环境各指标所产生的价值量大小顺序为：滞尘＞吸收 SO_2 ＞提供负离子＞吸收 NO_X ＞吸收 HF_X。

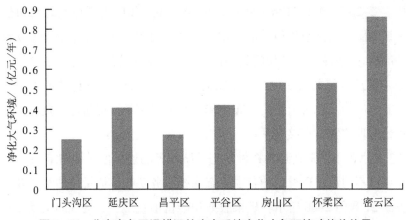

图 2-58 北京市各区退耕还林生态系统净化大气环境功能价值量

（6）生物多样性保护

由北京市退耕还林生态系统生物多样性保护价值评估（图 2-59）可知，北京市退耕还林生态系统生物多样性保护总价值为 1.70 亿元 / 年，占退耕还林生态系统服务功能总价值量的 8.99%。其中，密云区 0.42 亿元 / 年的生物多样性保护价值位于各区之首，房山区 0.27 亿元 / 年和怀柔区 0.26 亿元 / 年紧随其后，门头沟区 0.14 亿元 / 年最低。生物多样性较高表明该地区自然景观纷呈多样，具有高度异质性，孕育了丰富的生物资源。近年来，北京市建设生态文明宜居城市，加大了生物多样性保护力度，提高了退耕还林生态系统生物多样性保护价值。

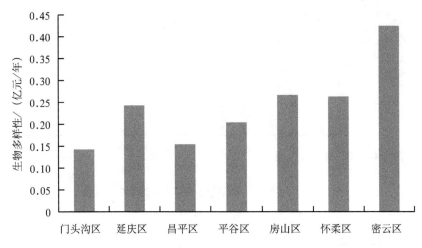

图 2-59 北京市各区退耕还林生态系统生物多样性保护功能价值量

从表 2-20 和图 2-53 可以看出，密云、怀柔和房山区位于北京市退耕还林生态系统服务功能总价值的前 3 位，占全市退耕还林生态系统服务功能总价值的 56.66%；平谷、昌平和门头沟区服务功能总价值位于北京市退耕还林生态服务功能总价值的后 3 位，占全市总价值的 29.45%。各行政区生态效益的每项功能价值量及总价值量的分布格局，与北京市各区退耕还林资源自身的属性和所处地理位置有直接关系。

2.2.1.2.3 北京市不同退耕还林树种生态系统服务功能价值量评估结果

北京市不同退耕还林树种各项生态系统服务功能价值量评估结果及所占比例如表 2-21 和图 2-60 所示。板栗服务功能价值量最大，为 5.58 亿元 / 年，占北京市退耕还林生态系统服务功能总价值量的 29.51%；其次是仁用杏和核桃，服务功能价值量分别为 2.56 亿元 / 年和 2.38 亿元 / 年，分别占相应总价值量的 13.54% 和 12.57%；樱桃和山楂服务功能价值量最小，分别为 0.18 亿元 / 年和 0.06 亿元 / 年，占比分别为 0.97% 和 0.31%。14 种退耕还林树种服务功能价值量大小排序为：板栗＞仁用杏＞核桃＞杨树＞柿子＞桃＞枣＞其他＞杏＞苹果＞梨＞葡萄＞李子＞樱桃＞山楂。种植面积是造成不同树种总价值量差异的主导因素。板栗的种植面积比重最高（30.36%），因此其价值量也最高。

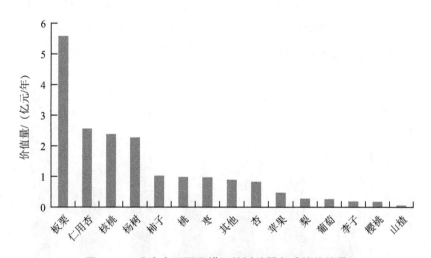

图 2-60　北京市不同退耕还林树种服务功能价值量

（1）涵养水源

北京市不同退耕还林树种涵养水源功能价值量最高的 4 个树种分别为板

栗、仁用杏、核桃和杨树，其年涵养水源价值量在 0.45 亿～2.45 亿元，占北京市退耕还林涵养水源服务功能总价值量的 65.44%（图 2-61）；柿子、桃、枣的年涵养水源价值量在 0.41 亿～0.45 亿元；杏、苹果、梨、葡萄、李子的年涵养水源价值量在 0.09 亿～0.39 亿元。北京市退耕还林年涵养水源价值量相当于 2014 年北京市供水投资总额 100.90 亿元的 7.72%（北京统计年鉴，2015）。由此可以看出，北京市退耕还林生态系统涵养水源功能的重要性。

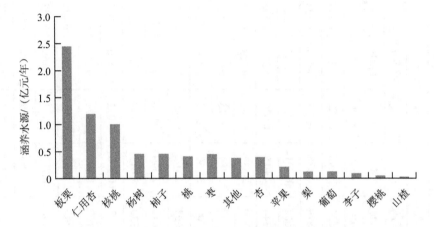

图 2-61　北京市不同退耕还林树种涵养水源功能价值量

表2-21 北京市不同退耕还林树种生态系统服务功能价值量评估结果

树种	涵养水源/（亿元/年）	保育土壤/（亿元/年）	固碳释氧/（亿元/年）	林木积累营养物质/（亿元/年）	净化大气环境/（亿元/年）								生物多样性保护/（亿元/年）	合计/（亿元/年）	比例
					提供负离子（×10⁻⁴）	吸收污染物			滞尘（亿元/年）						
						HFx（×10⁻⁸）	NOx（×10⁻⁸）	SO₂（×10⁻⁷）	TSP（×10⁻⁴）	PM10（×10⁻²）	PM2.5				
板栗	2.447	0.237	1.316	0.069	11.670	3.947	4.124	30.582	2.282	3.231	0.972	0.508	5.583	29.510%
仁用杏	1.195	0.111	0.628	0.033	5.530	1.693	1.879	7.185	0.787	1.115	0.335	0.248	2.562	13.542%
核桃	1.005	0.096	0.503	0.026	9.507	1.385	1.562	6.491	1.231	1.743	0.524	0.206	2.378	12.573%
杨树	0.450	0.095	1.056	0.096	3.108	0.109	1.344	4.015	0.930	1.317	0.396	0.166	2.273	12.013%
柿子	0.451	0.042	0.265	0.014	2.611	0.686	0.709	2.634	0.341	0.488	0.145	0.094	1.016	5.372%
桃	0.405	0.038	0.286	0.026	1.741	0.590	0.637	2.484	0.315	0.445	0.134	0.084	0.978	5.168%
枣	0.445	0.041	0.225	0.012	2.303	0.595	0.700	3.060	0.339	0.480	0.144	0.092	0.964	5.096%
其他	0.375	0.037	0.201	0.011	2.257	0.417	0.605	2.702	0.365	0.580	0.177	0.078	0.885	4.678%
杏	0.389	0.036	0.204	0.010	1.801	0.557	0.612	2.340	0.256	0.363	0.109	0.081	0.833	4.402%
苹果	0.210	0.019	0.128	0.007	0.826	0.311	0.330	1.615	0.149	0.2111	0.063	0.044	0.473	2.501%
梨	0.123	0.011	0.079	0.004	0.532	0.184	0.193	0.920	0.092	0.130	0.039	0.025	0.282	1.493%
葡萄	0.126	0.012	0.051	0.002	0.277	0.180	0.199	0.999	0.073	0.119	0.037	0.026	0.255	1.349%
李子	0.092	0.009	0.045	0.002	0.465	0.129	0.145	0.680	0.061	0.086	0.026	0.019	0.194	1.025%
樱桃	0.049	0.008	0.056	0.003	0.391	0.118	0.136	0.713	0.113	0.160	0.048	0.018	0.184	0.971%
山楂	0.027	0.002	0.014	0.0007	0.111	0.038	0.042	0.198	0.019	0.027	0.008	0.006	0.058	0.307%
总计	7.789	0.794	5.057	0.316	43.130	10.939	13.217	66.618	7.353	10.495	3.157	1.695	18.918	100.000%

（2）保育土壤

北京市不同退耕还林树种固土功能价值量最高的树种为板栗，其价值量为852.60万元/年，占固土总价值量的31.97%；排前四的板栗、仁用杏、核桃和杨树价值量在248.54万～852.60万元/年，占固土总价值量的67.98%；山楂保育土壤价值最低，仅占固土总价值量的0.31%（图2-62）。土壤保肥价值量最高的仍为板栗，山楂最低。由此可见，退耕还林的保育土壤功能价值与树种密切相关，不同树种的枯落物层对土壤养分和有机质的增加作用不同，直接表现出保育土壤功能价值量也不同。

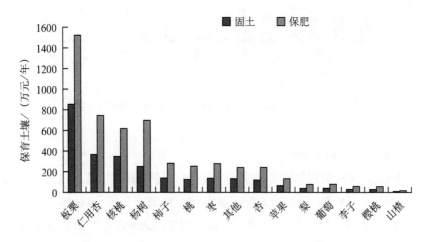

图2-62 北京市不同退耕还林树种保育土壤功能价值量

（3）固碳释氧

北京市不同退耕还林树种固碳释氧价值量差异显著。由图2-63可知，板栗固碳释氧价值量最高，为13 164.80万元/年；其次是杨树和仁用杏，价值量分别为10 557.72万元/年和6276.50万元/年；板栗、杨树和仁用杏三者固碳释氧价值量占北京市退耕还林固碳释氧总价值量的59.32%；山楂固碳释氧价值量最低，为140.70万元/年，占比为0.28%。由于不同退耕还林树种间的林分净生产力各异，相应的固碳释氧价值也显著不同。板栗、杨树和仁用杏固碳释氧功能价值量共为3.00亿元/年，占工业减排费用的0.72%（北京统计年鉴，2015），由此可以看出退耕还林生态系统固碳释氧功能的重要性，其在推进北京市节能减排低碳发展中做出了应有的贡献。

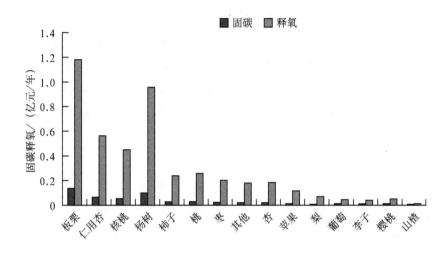

图 2-63　北京市不同退耕还林树种固碳释氧功能价值量

（4）林木积累营养物质

在退耕还林林木积累营养物质价值量中，杨树最高、板栗次之，仁用杏和核桃排第三至第四，其价值量分别为 956.79 万元 / 年、686.96 万元 / 年、328.31 万元 / 年和 262.94 万元 / 年，占林木积累营养物质总价值量的 70.87%；山楂最低，其价值量仅为 7.17 万元 / 年，占比 0.22%（图 2-64）。由于退耕还林林木积累营养物质功能价值量与林分面积、净生产力、林木氮磷钾养分元素等因素相关，故不同退耕还林树种的林木积累营养物质价值量差异明显。桃、板栗、杏和核桃种植面积广，其林木积累营养物质功能价值量高，可防止土壤养分元素的流失，保持北京市退耕还林生态系统的稳定。此外，其林木积累营养物质功能可以降低农田土壤养分流失而造成的土壤贫瘠化，在一定程度上降低了农田肥力衰退的风险。

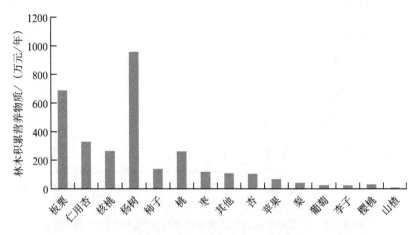

图 2-64 北京市不同退耕还林树种林木积累营养物质功能价值量

（5）净化大气环境

净化大气环境功能价值由提供负离子值、吸收污染物值、滞尘值所组成，不同退耕还林树种间的各项功能指标所产生的价值量不同，造成不同树种净化大气环境价值的差异，所以产生的生态效益也不同。板栗净化大气环境功能价值量最高，为 10 058.63 万元 / 年，占净化大气环境总价值的30.78%；核桃次之（5429.88 万元 / 年）；杨树为 4098.67 万元 / 年，位列第三；仁用杏为 3472.46 万元 / 年。排前四的退耕还林树种净化大气环境总价值为2.31 亿元 / 年，占净化大气环境总价值量的 70.58%；山楂最低，为 82.81 万元 / 年，仅占净化大气环境总价值量的 0.25%（图 2-65）。

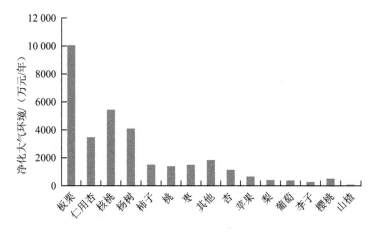

图 2-65 北京市不同退耕还林树种净化大气环境功能价值量

（6）生物多样性保护

不同退耕还林生物多样性保护功能价值量最高为板栗林，为 5084.05 万元 / 年，占生物多样性保护总价值量的 29.97%；其次为仁用杏林（2482.10 万元 / 年）和核桃林（2062.56 万元 / 年）；杨树林排名第四，生物多样性保护价值量为 1656.25 万元 / 年。排名前四的退耕还林树种占生物多样性保护总价值量的 66.35%；山楂林生物多样性保护价值量最低，仅为 55.86 万元 / 年，仅占生物多样性保护总价值量的 0.33%（图 2-66）。

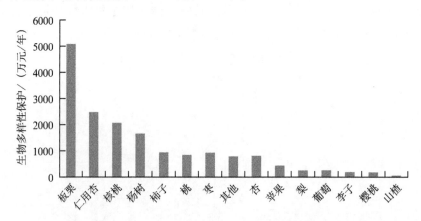

图 2-66 北京市不同退耕还林树种生物多样性保护功能价值量

2.2.2 北京市退耕还林经济效益

表 2-22 为北京市退耕还林典型调研各区不同树种经济效益，结果显示：
不同树种在各行政区经济收益差异显著。全市仁用杏基本无收益；平谷区桃的
经济效益最高 [5000 元 /（亩·年）]；板栗在密云区、怀柔区和平谷区的经济
效益较高 [500 ～ 700 元 /（亩·年）]；核桃在密云区和平谷区的经济效益较高；
昌平区栽植苹果、桃和梨经济效益为 1000 元 /（亩·年）；其他树种在各行政
区年产值均在 500 元 /（亩·年）以下。从不同行政区来看，延庆区和门头沟
区的大部分树种没有产值，平谷区、怀柔区和昌平区退耕树种年产值较高。

表 2-22　北京市退耕还林典型调研不同树种经济效益

单位：元 /（亩·年）

树种	门头沟区	延庆区	昌平区	平谷区	房山区	怀柔区	密云区
板栗	100	50	50	500	100	600	700
仁用杏	0	0	0	0	0	0	0
核桃	100	50	50	600	200	500	800
杨树	—	230	—	300	100	420	200
柿子	—	—	260	400	240	200	200
桃	—	—	1000	5000	—	500	100
枣	0	120	200	300	100	500	200
其他树种	400	150	300	200	100	200	200
杏	100	100	500	400	100	100	100
苹果	0	—	1000	450	500	300	800
梨	230	50	1000	450	500	200	500
葡萄	—	420	200	300	80	300	200
李子	55	60	400	450	100	400	400
樱桃	450	—	300	400	100	500	300
山楂	—	50	100	400	50	80	100

2.2.3 北京市退耕还林综合效益分析

北京市退耕还林工程造林树种包括生态林（主要为杨树）、生态经济兼用林（主要为核桃、板栗、柿子、枣、山楂、仁用杏和其他生态经济兼用林等）和鲜果林（主要为桃、鲜杏、苹果、李子、梨、樱桃、葡萄、玫瑰等）。图 2-67 中的北京市常见绿化树种主要为油松、侧柏、雪松、白皮松、榆树、栾树、悬铃木、国槐、刺槐、白玉兰、柳树、银杏、山杏、元宝枫、山桃、北京丁香和灌木林。图 2-67 中，杨树仅为退耕还林工程中所栽植的杨树，此图中常见绿化树种不包括杨树。比较北京市退耕还林树种和常见绿化树种单位面积总价值量表明，北京市退耕还林生态系统服务功能单位面积价值量每年为 5.58 万元 / 公顷，约为北京市森林生态系统单位面积价值量（每年 6.75 万元 / 公顷）的 82.67%。

油松、杨树、侧柏、雪松和白皮松生态系统服务功能单位面积总价值量位居前 5 位，分别为 7.83 万元 /（年·公顷）、7.45 万元 /（年·公顷）、7.30 万元 /（年·公顷）、6.79 万元 /（年·公顷）和 6.31 万元 /（年·公顷）（图 2-68）。退耕还林树种中，生态系统服务功能单位面积价值量最高的是杨树；其次是桃和核桃，价值量分别为 6.08 万元 /（年·公顷）和 6.04 万元 /（年·公顷）。总体来看，退耕还林树种服务功能单位面积价值量居中下水平。

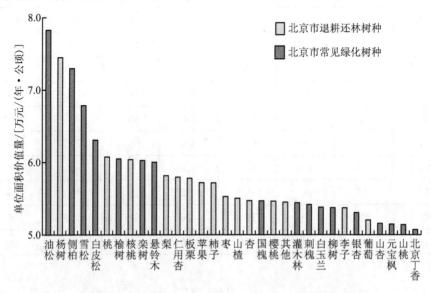

图 2-67　北京市退耕还林和绿化生态效益单位面积价值量

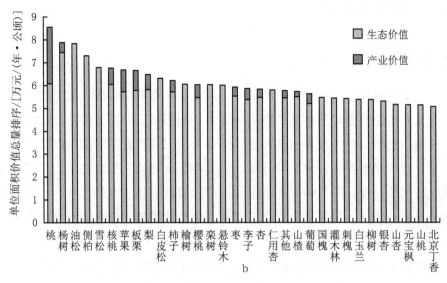

图 2-68 北京市退耕还林生态价值和产业价值

北京市退耕还林生态价值和产业价值如图 2-68 所示，加入退耕还林单位面积产业价值后，各退耕还林树种的单位面积生态价值与产业价值总量排序均有所提前，排在前 10 位的树种中有 6 个退耕还林树种，最高的为桃，单位面积生态价值加产业价值总计为 8.56 万元 /（年·公顷），是森林中最大树种油松单位面积价值量 [7.83 万元 /（年·公顷）] 的 1.09 倍；杨树排在第 2 位；核桃、苹果、板栗和梨排在第 6 至第 9 位；葡萄在所有退耕还林树种总排序中排最后，位于所有树种排序第 22 位；后 10 位的树种均为绿化树种。

北京市森林生态系统服务功能总价值为 299.57 亿元 / 年，北京市退耕还林生态系统服务功能总价值为 18.92 亿元 / 年，森林生态系统服务功能总价值是退耕还林生态系统的 15.83 倍。当退耕还林加入其产业价值（1.06 亿元 / 年）后，退耕还林总价值为 19.98 亿元 / 年，此时森林生态系统服务功能总价值是退耕还林生态系统总价值（生态价值与产业价值之和）的 15.00 倍；加入退耕还林产业价值后，森林生态系统服务功能总价值量是退耕还林生态系统总价值量的倍数减少了 0.83 倍，北京市退耕还林每年产生的生态服务总价值量是其经济收入的 17.85 倍。

3 相关政策分析

3.1 国家相关政策分析

退耕还林工程实施以来，国务院、农业部、财政部等国家部委均出台了关于完善退耕还林政策的文件和具体通知，明确了不同地域的补偿标准和具体年限。此外，农业部和财政部也给予部分国家现代农业示范区以奖代补的政策，对不同粮食作物和退耕还林还草均有明确规定（表2–23）。在退耕还林政策实施初期，补偿标准是科学的，但随着社会经济发展，有些补偿标准已经过低。因此，为了巩固北京市退耕还林后续成果，后续拟制定的政策补偿标准需要提高。

党的十九大报告用5个词、20个字概括了乡村振兴的总体要求，即"产业兴旺、生态宜居、乡风文明、治理有效、生活富裕"。乡村振兴战略是未来促进我国农业农村现代化的总战略，也是未来我国"三农"工作的总抓手。退耕还林工程实施近20年以来，对北京市社会、经济和生态方面影响深远。如何将退耕还林工程的实施与乡村振兴战略的具体目标有机结合，更高效地推进陕西省乡村振兴步伐，提升退耕还林工程效率是值得研究的问题。这使得退耕还林后续政策的制定成为乡村振兴和山区脱贫的突破口。

中共中央办公厅、国务院办公厅关于印发《省级党委和政府扶贫开发工作成效考核办法》的通知（厅字〔2016〕6号）。该文件明确指出为了确保到2020年现行标准下农村贫困人口实现脱贫，贫困县全部摘帽，解决区域性整体贫困，根据《中共中央、国务院关于打赢脱贫攻坚战的决定》制定该办法。该办法适用于中西部22个省（自治区、直辖市）党委和政府扶贫开发工作成效的考核。考核工作围绕落实精准扶贫、精准脱贫基本方略，坚持立足实际、突出重点，针对主要目标任务设置考核指标，注重考核工作成效；坚持客观公正、群众认可，规范考核方式和程序，充分发挥社会监督作用；坚持结果导向、奖罚分明，实行正向激励，落实责任追究，促使省级党委和政府切实履职尽责，改进工作，坚决打赢脱贫攻坚战。

北京市退耕还林所在区县存在大量的低收入村和低收入户，增加退耕还林土地流转费用，有助于提高退耕户的收入，减少低收入村和低收入户的数量，也是对扶贫政策的响应。

国务院印发《乡村振兴战略规划（2018—2022年）》。党的十九大提出的实施乡村振兴战略，是以习近平同志为核心的党中央着眼党和国家事业全局，深刻把握现代化建设规律和城乡关系变化特征，顺应亿万农民对美好生活的向往，对"三农"工作做出的重大决策部署，是决胜全面建成小康社会、全面建设社会主义现代化国家的重大历史任务，是新时代做好"三农"工作的总抓手，共计11篇37章的内容论述了乡村振兴战略和规划。

北京市退耕还林分布于7个区，共计95个乡镇，1426个行政村，192个低收入村，25 683户低收入户。增加退耕户收入、提升北京市乡村基础设施、转移劳动力就业是对中共中央乡村振兴战略的积极响应，也有助于巩固退耕还林成果，实现乡村地区生态保护与修复。北京市以乡村振兴为契机，有必要在现有基础上提高流转费，提高农户收入，减少低收入村和低收入户。

表2-23　国家相关政策

国务院印发	国务院关于完善退耕还林政策的通知	按区域发放补助现金	长江流域及南方地区补助105元/（年·亩）	
			黄河流域及北方地区补助70元/（年·亩）	
		生活补助费	20元/（年·亩）	
		补助期	还生态林补助	8年
			还经济林补助	5年
			还草补助	2年
		基本口粮田建设补助	西南地区补助600元/（年·亩）	
			西北地区补助400元/（年·亩）	
	省级党委和政府扶贫开发工作成效考核办法		建立考核指标	
	乡村振兴战略规划（2018—2022年）		农村发展、收入增加、农村劳动力就业和乡村振兴等	

发展改革委、财政部、国家林业局、农业部、国土资源部五部委联合印发	新一轮退耕还林还草方案	退耕还林	补助资金	1500 元/亩
			补助下达时间	中央安排的退耕还林补助资金分三次下达：第一年（800 元）、第三年（300 元）、第五年（400 元）
		退耕还草	补助资金	1000 元/亩
			补助下达时间	退耕还草补助资金分两次下达：第一年（600 元）、第三年（400 元）
财政部、农业部印发	中央财政农作物良种补贴资金管理办法		补贴金额	小麦、玉米、大豆、油菜、青稞每亩补贴 10 元
				中、晚稻、棉花每亩补贴 15 元
				马铃薯一、二级种薯每亩补贴 100 元
				花生良种繁育每亩补贴 50 元
				大田生产每亩补贴 10 元

3.2 北京市相关政策分析

北京市政府也实施了一系列关于退耕还林、山区生态公益林、绿化隔离地区和"五河十路"绿色通道生态林用地及管护政策与占用耕地等方面的政策，具体如表 2-24 所示。

北京市退耕还林补偿政策：北京市政府实施退耕土地还生态林的地块，补助期 16 年。一是每亩每年补助生活费 20 元；二是前 8 年每亩每年补助原粮 100 公斤，后 8 年每亩每年补助原粮 50 公斤。实施退耕土地还经济林的地块，补助期 10 年。一是每亩每年补助生活费 20 元；二是前 5 年每亩每年补助原粮 100 公斤，后 5 年每亩每年补助原粮 50 公斤。2019 年，北京市退耕农户享受国家钱粮补助政策将全部到期。

表 2-24 北京市相关政策

国务院关于进一步完善退耕还林政策措施的若干意见	还生态林	补助期	16 年
		补助政策	前 8 年补助原粮 100 公斤 /（年·亩）
			后 8 年补助原粮 50 公斤 /（年·亩）
			补助生活费 20 元 /（年·亩）
	还经济林	补助期	10 年
		补助政策	前 5 年补助原粮 100 公斤 /（年·亩）
			后 5 年补助原粮 50 公斤 /（年·亩）
			补助生活费 20 元 /（年·亩）
北京市人民政府关于建立山区生态公益林生态效益促进发展机制的通知	生态补偿资金	流转费	24 元 /（年·亩）
		资金配套	市、区县财政按 1∶5 的比例共同负担
	森林健康经营管理资金	流转费	16 元 /（年·亩）
		资金配套	全部由市财政负担
北京市人民政府关于完善本市绿化隔离地区和"五河十路"绿色通道生态林用地及管护政策的通知	补偿标准		城市发展新区 1500 元 /（年·亩）
			生态涵养发展区 1000 元 /（年·亩）
	管护费标准	流转费	4 元 /（年·m²）
		资金配套	市、区县财政各承担 50%
新流转土地补偿	耕地补偿	流转费	800 元 /（年·亩）每 3 年增长 10%
	非耕地补偿标准	流转费	500 元 /（年·亩）每 3 年增长 10%
北京市基本菜田蔬菜生产补贴办法试行	流转费		500 元 /（年·亩）
	资金配套		基础补贴与考核奖励按 3∶2 分配
退稻还旱补助	延庆区		520 元 /（年·亩）
一级水源区	密云区		1200 元 /（年·亩）

山区生态公益林补偿和管护政策：山区生态公益林生态效益促进发展机制是通过加大生态补偿资金和森林健康经营管理资金投入，进一步鼓励、支持山

区农民参与生态公益林保护、建设和经营管理，从而有效推动实现"养山增效、兴林富民、科学经营、协调发展"目标的工作机制。实施范围是经区划界定的山区集体所有的生态公益林，总面积约为67.4万公顷（1010.95万亩）。从2010年开始，北京市建立山区生态公益林生态效益促进发展资金，按照600元/（年·公顷）[40元/（年·亩）] 标准执行，其中包括360元/（年·公顷）[24元/（年·亩）] 的生态补偿资金和240元/（年·公顷）[16元/（年·亩）] 的森林健康经营管理资金。此后，根据山区生态公益林资源总量、生态服务价值、碳汇量的增长情况和全市国民经济社会发展水平，合理核定生态效益促进发展资金增加额度，每5年调整1次。

绿化隔离地区和"五河十路"绿色通道生态林用地及管护政策：纳入政策调整范围，在集体土地上建设的生态林，办理规范用地手续后，提高其占地补助标准，以保持生态林用地的相对稳定性。位于城市功能拓展区、城市发展新区的用地每年每亩补助1500元；位于生态涵养发展区的用地每年每亩补助1000元，补助资金全部由市财政承担，生态林用地为国有土地的，不给予补助。纳入调整范围的生态林，其管护补助标准为每年每平方米4元，由市、区县财政各承担50%。进行绿色通道建设要因地制宜，严格限定道路沿线绿化带宽度。道路沿线是耕地的，道路用地范围以外每侧绿化宽度不得超过5 m，其中县乡道路不得超过3 m；占用基本农田的，应履行基本农田占用报批手续。

由表2-24可知，城市发展新区和生态涵养发展区给予的补偿标准并不一致。但都在1000～1500元，退耕还林成果巩固的政策也可以参照此标准执行。另外，在流转土地补偿时，也给出了每过3年增长10%的标准，退耕还林成果巩固的政策，在流转费方面也可参考此标准。

北京市园林绿化局出台了关于补助政策到期后进一步巩固退耕还林成果的对策建议、关于调整山区生态公益林生态效益促进发展机制的有关政策，北京市农村工作委员会、北京市财政局、北京市农业局印发了《北京市基本菜田蔬菜生产补贴办法（试行）》的政策，具体如表2-24所示。

调整山区生态公益林生态效益促进发展机制的有关政策：实施范围为经市园林绿化局区划界定的山区集体所有的生态公益林，总面积为1077万亩。资金标准依据2015年山区生态公益林的资源总量、生态服务价值、碳汇量的增长情况和全市国民经济社会发展水平等因素，由现行的每年每亩40元调整为

70 元，自 2017 年起实施。今后随国民经济和社会发展 5 年计划，每 5 年调整 1 次资金标准。山区生态公益林生态效益促进发展机制现行的每年每亩 40 元资金，继续执行市、区财政 1∶1 分担比例，新增的每年每亩 30 元资金，市、区财政按 8∶2 比例分担，列入年度财政预算，专款专用。政策调整后，北京市山区生态公益林生态效益促进发展资金的使用仍执行现行政策规定，即总资金的 60% 为生态补偿资金，40% 为森林健康经营管理资金。生态补偿资金每年每亩 42 元，市财政投入 16 元、区财政投入 26 元，按照集体林权制度改革的要求，以行政村为单位，依据山区生态公益林面积核定资金额度，按照股份分配给农村集体经济组织成员，享受政策的集体经济组织成员由各区政府根据具体情况研究确定。森林健康经营管理资金每年每亩 28 元，全部由市财政投入，用于山区生态公益林林木抚育、资源保护和作业道路修建等服务设施建设，由各区政府按照森林经营规划方案分项目组织实施。森林健康经营项目要以当地农民为主体来实施，原则上项目用工的人员中，当地农民不低于 80%。

《北京市基本菜田蔬菜生产补贴办法（试行）》：补贴范围为划入北京市基本菜田信息系统，并且常年从事蔬菜生产、达到一定规模的基本菜田。规模标准由各区县依据《关于引导农村土地经营权有序流转发展农业适度规模经营的意见》中"对土地经营规模相当于当地户均承包地面积 10 至 15 倍、务农收入相当于当地二三产业务工收入的，应当给予重点扶持"的原则，结合本区县蔬菜生产实际，自行确定。补贴对象为从事蔬菜生产的北京市农户及在北京市登记注册的合作社、农业生产企业。申请补贴的合作社、企业要以本地劳动力为主，且本地劳动力数量要逐年增加。享受补贴的菜田要符合《中共北京市委北京市人民政府关于调结构转方式发展高效节水农业的意见》有关要求，设施菜田年用水量不超过 500 m³/ 亩、露地菜田年用水量不超过 200 m³/ 亩。

对于山区生态林明确给予了生态补偿资金，对于退耕还林后续处置方式选择自主经营的也可以参照这个政策给予生态补偿金。但显然 42 元 /（年·亩）流转费相对较低，应根据退耕还林发挥的具体生态价值进行核算，得出具体的生态补偿额度。北京市出台的相关平原造林、山区造林和生态林补助的补偿标准，如表 2-25 所示。北京的平原造林对退耕还林的冲击较大，其流转费在 1000 ～ 1500 元 /（年·亩），为了与此政策持平，增加退耕户的积极性，退耕还林的流转费也应该参考 1000 ～ 1500 元 /（年·亩）的标准。

表 2-25　北京市相关造林和补偿政策

相关工程	区	流转费	资金配套	管护费 /［元 /（年·亩）］
生态林补助 /［元 /（年·亩）］	门头沟区	—		2666.667
	延庆区	4000		2666.667
	昌平区	—		2666.667
	平谷区	—		2666.667
	房山区	—		2666.667
	怀柔区	800		2666.667
平原造林补助 /［元 /（年·亩）］	门头沟区	1000	市财政	2666.667
	延庆区	1100		2666.667
	昌平区	1500		2666.667
	平谷区	1500		2666.667
	房山区	1350		2666.667
	怀柔区	1500		2666.667
	密云区	1300		2666.667
山区造林补助 /［元 /（年·亩）］	门头沟区	—		2666.667
	延庆区	—		2666.667
	昌平区	2000	北京市和昌平区 2：3	2666.667
	平谷区	2500		2666.667
	房山区	—	市财政	2666.667
	怀柔区	—		2666.667

2016 年，《中共北京市委北京市人民政府关于进一步推进低收入农户增收及低收入村发展的意见（京发〔2016〕11 号）》明确指出，为深入贯彻中央扶贫开发工作会议精神，进一步加大帮扶力度，采取一系列综合帮扶措施，持续推进低收入农户增收和低收入村发展。

该意见中指出，低收入农户：以 2015 年家庭人均可支配收入低于 11 160 元为基本标准，综合考虑家庭财产和消费支出等情况，将符合条件的农户认定为低收入农户。低收入村：将村民人均收入明显低于全市农民平均水平，低收入农户数量超过本村农户总数的 50% 并达到一定规模，村庄基础设施建设和社会事业发展相对滞后，村集体经济较为薄弱的行政村认定为低收入村。指出

"十三五"期间，确保低收入农户人均可支配收入增速高于全市农民平均水平，提前实现比 2010 年翻一番的目标；低收入村自主发展能力不断增强，现行标准下的低收入村全部消除。该意见中明确的帮扶政策有：扶持产业帮扶、促进就业帮扶、山区搬迁帮扶、加大财政支持力度和生态建设帮扶等。

优先对低收入村、低收入农户实施山区搬迁工程，确保到 2020 年符合搬迁标准、有搬迁意愿、搬迁条件成熟的低收入村、低收入农户全部完成搬迁。集成农宅改造、交通建设、农田水利、土地整治、地质灾害防治、林业生态等涉农政策及资金和社会帮扶资源，支持搬迁新村公共服务设施和基础设施建设。利用城乡建设用地增减挂钩政策支持山区搬迁。坚持安居与发展并重，着力培育和发展后续产业，确保搬得出、稳得住、能致富。支持搬迁安置点发展物业经济，增加搬迁户财产性收入。加大对低收入村的生态保护和修复力度。支持开展历史遗留工矿废弃地复垦利用，加快推进生态清洁小流域建设。完善山区生态公益林生态效益促进发展机制和管护机制，以生态服务价值为依据对山区农民进行合理的生态效益补偿，并逐步提高补偿标准，最大程度发挥生态效益补偿政策对促进低收入农户增收的拉动作用。开发更多绿色生态公益性就业岗位并逐步提高岗位待遇，优先录用低收入农户劳动力参与生态建设和管护工作。

北京市的退耕还林涉及低收入村有 192 个，低收入户有 25 683 户，退耕户月人均收入在 3000 元以下的占 94%，远低于该意见的标准，所以提高退耕还林的土地流转费，是增加退耕户收入的一条途径，也是响应中共中央精准扶贫的大政方针，更是北京市委、北京市人民政府关于进一步推进低收入农户增收及低收入村发展的真实体现。

3.3 已出台退耕还林后续补偿省份政策分析

目前，在辽宁省沈阳市和大连市均已经出台了退耕还林后续补偿政策（表 2-26）。

沈阳市退耕还林到期后政策：沈阳市林业局明确补贴标准由 160 元 /（年·亩）调整为 300 元 /（年·亩）。其中，国家补贴到期的林分由市和区、县（市）财政共同补贴 300 元 /（年·亩），未到期的林分由市和区、县（市）财政共同补贴 210 元 /（年·亩），中央财政补贴 90 元 /（年·亩）。分担比例为市和区、县（市）财政共同承担。其中，市、县两级财政按照 8：2 的比例承担，市、区两级财政按 5 ： 5 的比例承担，辽中区按照市、县比例承担。补助年限从 2018 年起，到 2020 年结束。

大连市退耕还林到期后政策：自 2014 年起，国家级退耕还生态林在中央财政补助的基础上，再由市级财政每亩每年配套补助至 600 元，配套补助资金由市级财政全额承担。市级退耕还林生态林补偿标准调整至每亩每年 600 元，北三市和长海县所发生的市级退耕还生态林补偿资金，由市级财政全额承担，南三区和先导区所发生的市级退耕还生态林补偿资金，由市区两级财政共同承担，市级财政承担 45%，即 270 元 /（亩·年），区级财政承担 55%，即 330 元 /（亩·年）。此外，大连市明确了此次的退耕还林补偿为生态补偿，这对于北京市的退耕还林成果巩固的政策制定也有参考意义，也可对那些不选择流转，进行自主经营的退耕户给予生态补偿，具体补偿额度参照大连市或者根据发挥的生态效益换算出生态补偿额度。

由上述可知，退耕还林在到期后，不同省市均出台了相应的政策，以便于退耕还林成果的保护，而且均在以前补偿政策的基础上增加了补偿额度。由此，北京市退耕还林成果保护政策也应适当增加补偿金额，以提高退耕户经营管理退耕地的积极性。北京市在退耕还林后续政策制定时，也可参照大连市市县两级财政资金的配套比例，由市统一制定配套标准，是否配套由各区县自己决定。同时，大连市明确给出了退耕还林生态补偿这一政策，因为退耕还林产生了极大的生态效益，这对提高人居环境和改善空气质量具有重大作用。所以，在制定北京市退耕还林成果保护政策时，也应明确给予生态补偿，具体额度根据退耕还林产生的具体生态价值来核算。

表 2-26　已出台退耕还林政策城市相关政策对比

城市	流转费	资金配套	
沈阳市	300 元 /（年·亩）	市、县财政按 8 ： 2 发放，市、区财政按 5 ： 5 发放	
大连市	600 元 /（年·亩）	北三市和长海县由市级财政承担	南三区和先导区由市区财政承担（按 9 ： 11 发放）

4　退耕还林发展对策制定分析

4.1 退耕还林发展对策制定原则

①生态优先原则。北京市退耕还林成果保护政策应充分把握生态功能优先原则，切实提升退耕还林的质量，使其发挥最大的生态效益。坚持遵循自然规律、因地制宜、宜林则林、综合治理的原则。对于长势不好、自然立地条件差的地区，已经不适宜该地区生长的树种，应予以树种更换，以发展乡土树种为主，积极恢复原生植被，保证成活率，确保工程成果。

②政策引导和农民自愿相结合的原则。任何一项政策要取得预期成效，必须是政府和百姓两相情愿，达成共识，退耕还林后续政策的制定也不例外，这项工作涉及千家万户，尊重农民群众的意愿是做好这项工作的根本。在广泛宣传工作下，使北京市政府的各项政策措施家喻户晓、深入人心十分关键。北京市退耕还林成果保护政策的制定要充分尊重农户自愿原则，以百姓意见为准，但也要充分尊重各区和乡镇意见。对于打算自己经营的，给予自主权；愿意流转的，也要给予充分的资金补贴，决不搞"一刀切"。

③精准扶贫，增加农民收入，振兴乡村。党的十八大报告明确指出了让更多的人民脱贫，提出了精准扶贫的战略。2018年9月，国务院又印发了《乡村振兴战略规划（2018—2022年）》，它是党对"三农"工作一系列方针政策的继承和发展，是亿万农民的殷切期盼。北京的退耕还林也多在浅山区实施，山区人民由于环境、地势的原因，收入低，产生了大量的低收入户和低收入村。本次调查也发现退耕还林户的收入低，50%的退耕户人均月收入在1000元以下。通过实施退耕还林后续质量提升政策，给予农户相关标准的流转费用，解放劳动力，创造新的就业机会。也可集体参与退耕还林管理，获取管护费用。这样既保护了生态环境，也使农户的收入不断增加，走生态经济型的治理路子，极大地调动农民参与工程建设的积极性和自觉性，为建设成果的长期巩固创造条件。

4.2 退耕还林发展对策制定依据

4.2.1 退耕还林补贴政策

通过本次典型调研，获取北京市典型退耕户对后续政策建议的真实意愿，并以退耕还林的生长状况、经济效益、所处的生态区位、适地适树情况及树种类型和规模经营情况为分类标准，逐区进行典型退耕样地调查研究。评估北京市现存退耕还林产生的经济效益和生态效益，结合现有退耕还林地上种植粮食和经济林的净收益值，同时参考现有的平原造林在不同区的补偿标准，确定退耕还林后续补偿政策的土地流转费和补贴范围。提出了如下方案。

方案 1：分类综合考虑退耕还林所处的立地条件、生态区位、退耕还林生长和经济收益状况及树种类型和规模经营情况。对于处于重要生态区位、坡度大于 25° 和部分过熟杨树林地鼓励流转；生态经济兼用林自主经营达到验收标准，给予生态补贴；有发展前景的经济林自主经营并给予政策优惠（表 2-27）。

表2-27 不同分类标准和政策及补贴金

分类	分类标准	原因	政策	金额				面积/万亩	金额/亿元
第一类：自愿流转	坡度≥25°	《水土保持法》指出，禁止在25°以上陡坡地开垦种植农作物	退出经营，在退耕户自愿的前提下，由政府转为生态公益林；允许退耕户自主更新采伐杨树	1000~1500元/（亩·年）土地流转费				3.91	0.39~0.59
	重要水源地（一级水源区）	生态脆弱区，保护水源						2.80	0.28~0.42
	杨树	退耕户无继续经营意愿的过熟速生杨林地						4.15	0.42~0.62
第二类：自主经营，给予补贴	生态经济兼用林、板栗、核桃、柿子、山楂、枣、仁用杏、其他生态林	经济效益低于北京市同类型林地的收益，远低于预期效益，对维护生态效益、安全具有重要意义，为了保障退耕户权益而又不损害生态环境，建立退耕还林成果、保护退耕还林养护管理机制，给予退耕户适当补贴	纳入林地管理；由退耕户自主经营达到验收标准的给予补贴；验收不合格的不给予任何补贴	树种	退耕产值	粮食差价	退耕补贴		
				板栗	380	305元	500~700	35.04	1.76~2.46
				核桃	400	285元		13.77	0.69~0.96
				仁用杏	0	685元		5.96	0.30~0.42
				柿子	265	420元		9.38	0.47~0.66
				枣	264	421元		2.80	0.14~0.20
				其他	136	559元		2.76	0.14~0.19
								0.37	0.02~0.03

续表

分类	分类标准	原因	政策	金额/[元/（亩·年）]	面积/万亩	金额/亿元
第三类：自主经营，给予政策优惠	有栽植发展前景的生态经济兼用林，鲜果果（桃、苹果、李子、葡萄、梨、樱桃、杏等）	具有较高的经济效益，预期效果也与北京市同类型林地相差较小；立地条件和气候条件均较好	由退耕户自主经营并享受农业优惠政策。鼓励观光采摘示范园建设，对有规模集约经营的给予基础设施投资补助（50万元/个）	允许兴建果园，给予配套设施和各种化肥、农药、农机具等农资补贴；给予企业加工和冷藏等技术、政策支持	6.45	0
总计	按该政策执行，将生态区位重要的退耕林地调整为生态公益林所需土地流转费为1.09亿元/年。生态经济兼用林达到林业采用标准收验所需财政补贴费为1.76亿～2.46亿元/（亩·年）。根据北京市退耕还林2008年以后的补偿政策，即生活与原粮补助折算现金为90元/（亩·年），共0.47亿元/年，若执行该政策，则需在原有财政支出基础上，增加补贴费用1.29亿～1.99亿元/年				52.35	2.85～4.09

第一类：将生态区位重要的退耕林地调整为生态公益林。将处于坡度25°以上、重要水源地（一级水源区）或退耕户无继续经营意愿的过熟速生杨林地退出经营，在退耕户自愿的前提下，由政府转为生态公益林，杨树允许退耕户自主更新采伐，并给予每年每亩1000～1500元的流转费。

原因：①生态优先。北京市退耕还林后续成果的保障，也要做到从实际出发，按自然规律实施。退耕还林工程实施初衷即为保护生态。《水土保持法》明确规定：禁止在25°以上陡坡地开垦种植农作物。水源保护地是脆弱生态区，同时也为了保护水源。若退耕户对过熟速生杨林地无继续经营意愿，为了更好地提高退耕还林生态质量与退耕还林的管护力度，在退耕户自愿的前提下，建议由政府将处于生态区位重要退耕林地转为生态公益林，并给予1000～1500元/（亩·年）土地流转费。

②调查意愿。北京市各行政区主管退耕还林工作领导和区林业站站长均同意在退耕户自愿的前提下全区退耕地进行流转，88%的乡镇干部、76%的村干部和72%的退耕户均同意将现有退耕还林地进行流转，由集体经营管理。可见，无论是领导层还是退耕户选择退耕地流转的方式占据优势地位，流转费由退耕户直接支配。北京市各区主管退耕还林工作的领导和区林业站站长认为，给予同意流转退耕地的退耕户每年每亩1000～1500元的流转费比较合理。此外，52%的乡镇干部、47%的村干部和57%的退耕户认为，流转费每年每亩1000～1500元较合理。除去部分退耕户的退耕地无收益外，门头沟、延庆、昌平、房山、怀柔和密云区退耕林地年收益基本保持在200～1000元/亩，仅有平谷区的部分退耕林地年收益超过5000元/亩。按北京市各区退耕户退耕林地年收益占比及其权重计算发现，门头沟、延庆、昌平、平谷、房山、怀柔和密云区年均收益分别为208.84元/亩、198.44元/亩、356.55元/亩、705.70元/亩、185.73元/亩、289.43元/亩和160.21元/亩，即北京市退耕还林工程区退耕还林林果产品平均年收益为300.70元/亩（表2-28）。

表 2-28　退耕还林工程区典型退耕户年均收益统计

年收益 / (元 / 亩)

| 区 | 200 元以下 | | 200 ~ 500 元 | | 500 ~ 1000 元 | | 1000 ~ 5000 元 | | 5000 元以上 | | 均值 |
	占比	权重	占比	权重	占比	权重	占比	权重	占比	权重	
门头沟	24.00%	36.59%	16.00%	24.39%	14.40%	21.95%	11.20%	17.07%	0.00%	0.00%	208.84
延庆	30.40%	43.18%	24.00%	34.09%	10.40%	14.77%	5.60%	7.95%	0.00%	0.00%	198.44
昌平	23.08%	27.53%	16.92%	20.18%	10.00%	11.93%	33.85%	40.37%	0.00%	0.00%	356.55
平谷	5.60%	6.14%	4.80%	5.26%	20.00%	21.93%	0.00%	0.00%	60.80%	66.67%	705.70
房山	15.87%	27.40%	23.81%	41.10%	10.32%	17.81%	7.93%	13.69%	0.00%	0.00%	185.73
怀柔	11.63%	23.08%	15.50%	30.76%	8.53%	16.93%	14.73%	29.23%	0.00%	0.00%	289.43
密云	20.00%	38.46%	16.67%	32.06%	10.00%	19.23%	5.33%	10.25%	0.00%	0.00%	160.21

平均年收益：300.70 元 / 亩

③杨树。退耕杨树总面积为4.81万亩，占所有退耕还林合格林地总面积的9.89%，面积较大且分布较广，全市仅门头沟区退耕杨树面积分布较少（仅8亩），其他行政区内退耕杨树保留面积均在100亩以上，其在密云区内甚至达到了2万多亩，其中退耕户无继续经营意愿的过熟速生杨林地面积为4.15万亩。调研结果也显示大面积的杨树已过其生长轮伐期，退耕户希望对退耕杨树进行更新改造，或者流转土地，但地上采伐杨树归退耕户所有。因此，建议后续政策允许退耕户自主更新采伐杨树，或者同意土地流转的退耕户可获得1000～1500元/（亩·年）流转费。

④参考平原造林补偿费。建议参考平原造林的补偿额度。全市平原造林工程统一给予1500元/（亩·年）补偿费，但在不同区实际发放补偿费标准不统一。本次调研平原造林实际发放补偿费发现，怀柔区1500元/（亩·年）、平谷区1300元/（亩·年）、房山区1500元/（亩·年）、昌平区1500元/（亩·年）、延庆区1100元/（亩·年）、门头沟区1000元/（亩·年）、密云区1300元/（亩·年）。

⑤政策支撑。补贴标准：根据北京市农村工作委员会、北京市财政局和北京市农业局印发《关于2016年北京市农业支持保护补贴政策的指导意见》（京政农函〔2016〕30号）的通知，参考2015年粮食直补、农资综合补贴、良种补贴标准，对小麦和玉米进行补贴，其中小麦补贴标准为140元/（亩·年），玉米补贴标准为97元/（亩·年）。

综合两种作物占北京市粮食作物种植总面积的权重系数，计算出北京市种植作物的综合收益分别为2013年793.4元/亩、2014年724.2元/亩、2015年695.0元/亩、2016年584.3元/亩和2017年630.5元/亩，2013—2017年均综合收益为685.5元/亩（表2-29）。

表 2-29 种植小麦、玉米年均收益测算

年份	主要粮食作物	种植面积/公顷	公顷单产/公斤	亩单产/公斤	粮食种植总面积/公顷	面积占比	面积权重	出售价格/(元/斤)	收益/(元/亩)	补贴标准/(元/亩)	总收入/(元/亩)	生产成本/(元/亩)					净收益/(元/亩)	年均综合收益/(元/亩)
												种子	化肥	农家肥	农药	水		
2013	小麦	36 196.4	5172.1	344.8	158 911.1	22.8%	24.02%	1.18	813.7	140.0	953.7	59.5	157.0	13.2	17.1	5.8	701.1	793.4
	玉米	114 486.4	6567.0	437.8		72.0%	75.98%	1.09	954.4	97.0	1051.4	55.0	142.2	12.4	14.4	4.8	822.6	
2014	小麦	23 550.6	5177.7	345.2	120 174.1	19.6%	21.00%	1.21	835.3	140.0	975.3	64.0	145.9	13.2	17.5	6.1	728.6	724.2
	玉米	88 619.0	6646.5	376.4		73.7%	79.00%	1.12	843.2	97.0	940.2	55.2	130.5	11.2	15.0	5.3	723.0	
2015	小麦	20 697.6	5356.8	357.1	104 453.5	19.8%	21.34%	1.16	828.5	140.0	968.5	66.1	143.1	12.9	19.7	5.6	721.1	695.0
	玉米	76 290.0	6481.7	432.1		73.0%	78.66%	0.94	812.4	97.0	909.4	56.8	131.2	11.2	16.6	5.7	687.9	
2016	小麦	15 889.3	5376.8	358.5	87 328.7	18.2%	19.59%	1.12	802.9	140.0	942.9	68.2	140.8	20.0	20.9	5.9	687.1	584.3
	玉米	65 236.8	6620.6	441.4		74.7%	80.41%	0.77	679.7	97.0	776.7	56.6	126.1	12.5	16.2	6.1	559.2	
2017	小麦	11 196.6	5504.3	367.0	66 843.7	16.8%	18.37%	1.17	858.7	140.0	998.7	70.7	140.4	22.5	22.3	5.8	737.0	630.5
	玉米	49 741.7	6676.8	445.1		74.4%	81.63%	0.82	730.0	97.0	827.0	55.4	129.0	14.0	16.7	5.3	606.6	

5 年均收益：685.5 元/亩

①毛收益 = 亩单产 × 每亩出售价格 + 每亩补贴。

②净收益 = 毛收益 - 抑除劳动力的生产成本。

③年均综合收益 = 小麦净收益 × 小麦面积权重 + 玉米净收益 × 玉米面积权重。

其中：种植面积及单产数据均来自《北京市统计年鉴2018》；所有生产成本（2014—2018年），价格均参考国家发展和改革委员会价格司编著的《全国农产品成本收益资料汇编2018》；据北京市农村工作委员会、北京市财政局和北京市农业局印发《关于2016年北京市农业支持保护补贴政策的指导意见》（京政农函〔2016〕30号）的通知，参考2015年粮食直补、农资综合补贴、良种补贴标准，对小麦和玉米进行补贴，小麦补贴标准为140元/亩，玉米补贴标准为97元/亩。

风险评估：1000 ～ 1500 元的流转费照顾到了所有区及大部分乡镇、村干部与农户的意愿。调研结果显示，退耕户月人均收入在 2000 元以下的占 85%，49.89% 的退耕户年产值在 1000 元以下，无任何产值的退耕户比例也达到了 34.95%。可见，退耕户年收益较低。若给予退耕户每年每亩 1000 ～ 1500 元的流转费，同时北京市平均每户拥有 3.6 亩退耕林地，那么退耕户每年可获得 3600 ～ 5400 元净收益，将有助于提高退耕户年净收益 60% ～ 85%，提升效果显著。

退耕还林收益较高的农户和合作社认为，1000 ～ 1500 元 /（亩・年）的流转费偏低，如在平谷区、昌平区和门头沟区等均出现了少数退耕还林管护与经营较好的农户，其净收益达到了 4000 元 /（亩・年）以上，对于这部分人，1000 ～ 1500 元 /（亩・年）的流转费偏低。另外，统一补偿标准也存在不足，如少部分的退耕户经营管理的退耕林较好，收益也较高，若给予统一的流转标准，相比之前自己经营管理所获得的经济效益严重偏低；若不给予统一的流转标准，对于退耕林地少的退耕户获得的补偿较少。

第二类：给予退耕还生态林农户退耕补贴。将退耕还生态林及生态经济兼用林（板栗、核桃、柿子、枣、山楂、仁用杏等）的退耕还林地纳入林地管理，由退耕户自主经营达到验收标准的给予 500 ～ 700 元 /(亩・年)补贴（表 2-27），验收不合格的不给予任何补贴。

依据：调研结果显示，退耕还林生态经济兼用林（板栗、核桃、柿子、枣、山楂、仁用杏、其他生态林）具有一定的经济效益，年均收益约为每亩 300 元（表 2-28）；退耕还林地按照种植粮食（玉米、小麦和谷子等）的收益再加上补贴，约为每亩每年 685 元（表 2-29），而生态经济兼用林与种植粮食相比差额在 280 ～ 685 元 /(亩・年)，与北京市同类林地收益的差距在 70 ～ 771 元 /(亩・年)。这说明生态经济兼用林的经济收益低于种植粮食收益和全市同类型林地平均水平，但生态经济兼用林又具有巨大的生态效益，如板栗、核桃和仁用杏每年产生的生态价值分别为 5.58 亿、2.38 亿和 2.56 亿元。为了充分发挥生态经济兼用林的生态效益，同时保证退耕户经济效益，将生态经济兼用林纳入林地管理，给予适当额度的补贴，不但有利于提高退耕户的经济收入，也有利于退耕还林地的有效管理。

风险评估：对生态经济兼用林的退耕林地给予 500 ～ 700 元 /（亩・年）

的补贴金额，对于大部分退耕户 [收益 200 ～ 500 元 / (亩·年)] 都是有好处的，而且地由农户来经营和管理；政府额外承担的补贴费用也有所减少，降低了政府的财政压力。但对于一些年龄偏大的退耕户来说可能无法接受，因为他们的精力有限，不便于管理生态经济兼用林的退耕还林地。有些生态经济兼用林的退耕林地仍有发展前景，退耕户可利用补贴雇用临时工进行简单管护，保持林地正常生长；同时，将生态经济兼用林纳入林地管护就需要对验收不合格的退耕林地进行改造更新，需要退耕户花费收益去补植改造，投入管护精力，在验收合格后才能享受补贴。

第三类：集成相关政策，扶持退耕农户林果产业发展；创新发展模式，组织退耕农户经营管理退耕林地。对栽植有发展前景的生态经济兼用林、鲜果树等退耕还林地，由退耕户自主经营并享受农业补贴政策，组织科技专家推广先进技术；退耕林地建立新型集体林场，组织退耕户开展养护管理，鼓励开展多样化联合与合作，促进退耕林地适度规模经营。

依据：调研结果显示，有发展前景的生态经济兼用林、果树经济效益较高，如平谷种植的桃，昌平的苹果、桃和梨，门头沟的红头香椿等经济效益极好，亩收入 1000 元 / (亩·年) 以上；另外，果品收益在 1000 元以上的退耕户占 15.16%，这部分退耕户经济收益较好，以上说明此部分退耕户对退耕林地积极管护并了解市场运营，他们的果品收益也远高于目前给予的流转费金额。同时，调研结果也显示，有 34.61% 的退耕户对退耕林地进行灌溉。因此，为了鼓励这部分农户继续增加收入，由退耕户自主经营并享受农业优惠政策，包括鼓励观光采摘示范园建设，对有规模集约经营的给予基础设施投资补助；允许兴建果园，给予配套设施和各种化肥、农药、农机具等农资补贴；给予企业加工和冷藏等技术、政策支持；组织科技专家推广先进技术。此外，要探索筹建退耕林地建立新型集体林场，组织退耕户开展养护管理；鼓励乡村建立专业合作社，组织退耕户以土地、产品入社入股，开展多样化联合与合作，促进退耕林地适度规模经营；鼓励龙头企业参与退耕还林产品生产、储藏、加工、销售等环节，提高产供销一体化程度，稳步提升退耕林地的产值和效益；鼓励乡村专业合作社与电商对接，建立"互联网＋"模式，积极发展电子商务等新业态。

风险评估：对经济效益好的退耕林地给予政策优惠，这对于效益较好、收入在 4000 元 / (亩·年) 以上的退耕户有极大的吸引力，不但增加了收入，而且地由自己来经营和管理，政府承担的额外补助也有所减少，降低了政府的财政压力。但对于一些年龄偏大的退耕户来说稍有不便，因为随着年龄逐渐增大，他们的管护和经营能力会降低，不利于退耕还林成果保护。

方案 2：综合考虑退耕户意愿、种植粮食与经济林收益和平原造林补偿费，自愿将退耕还林地纳入平原造林管理体系的退耕户，按照平原造林—浅山台地管理办法实施，给予退耕户 1000 ～ 1500 元 /（亩·年）流转费；不愿意将退耕林地纳入平原造林管理体系的退耕户自行经营。

依据：调查中显示，约有 15% 的乡镇干部和村干部希望将退耕还林地直接纳入平原造林。所以，可将退耕还林地参照平原造林工程方案实施。

风险评估：平原造林工程已在北京地区实施多年，其管护和补偿体系完备、健全，在经营和管护方面取得了丰富经验；同时其不同的补偿标准也由各区根据具体情况而定，较为灵活，有利于退耕还林成果的保护。因此，可参考平原造林实施与补偿方案，借鉴其取得的成果经验进行退耕还林成果保护。此方案中退耕还林无须重新造林，经营、管理、保护好退耕林地即可获得其生态效益，补偿款提升农户年均收益。但各区实施平原造林工程的流转费标准不一，容易引发退耕户对不同补偿标准的质疑。此外，目前现存退耕还林地多种植干、鲜果树，且多分布于坡度较大的山区，不利于后续管护和经营。另外，平原造林考核要求需要林下无杂草，同时需要打药防治病虫害，会降低退耕林地林下生物多样性，影响干鲜果果品品质。

4.2.2 退耕还林林分改造模式指导政策

通过本次退耕还林典型调研发现，北京市退耕还林经营水平较低，景观效果较差，林分结构和不同树种的搭配模式不尽合理。为了进一步提升退耕还林所产生的生态效益，必须对现有林分进行改造，以指导未来退耕还林的建设，以充分发挥退耕还林在不同位置和不同条件下的主导生态功能，从而提升整体生态服务价值，改变退耕还林林分结构和模式改造，提高生态和景观效益。因此，今后北京市园林局和相关部门应加大这一研究的立项和投入，给予相关研究部门长期稳定的经费支持，用充足的科学数据指导未来北京市生态林的建设。

4.2.2.1 退耕还林低产低效林改造模式

对退耕还林的残次林、劣质林、病虫害林和衰退过熟林进行更新改造，以适地、适树和适种源的原则确定更新树种；对低效纯林和经营不当林进行抚育改造，调整树种组成和搭配、密度及结构，留优去劣；通过嫁接改良和培育复壮的方式对经济林进行丰产改造；对退耕还林低产低效林进行更新改造，可达到变低产低效生态林为优质高效经济林，促使退耕还林工程建设实现生态与经济效益双赢的效果。

（1）风沙区和水源涵养区退耕还林提升改造模式

以人工造林种草和封山育林育草为主，选择保持水土功能强、适应性强的油松、栎类、侧柏等乔木和紫穗槐等灌木树种，以沿等高线带状混交的配置方式营建多层次、多树种的山顶水土保持混交林。选择速生、丰产、优质的杨树和柏木等树种，营建以乔灌混交为主的山腰防护用材林。

①针阔混交型水土保持林营建模式。杨树是北京山区的主要造林树种，适应性强、土壤改良作用大、分布广、栽培面积大且大部分已近成熟、衰退，亟须更替。油松是北京的优良乡土树种，材质好、用途广，但自身的土壤改良能力差，又易发生病虫危害。如能将油松与杨树混交，充分利用种间关系，二者相互促进既可更有效地保持水土，又能改善生态环境，本方法在退耕还林工程中大量采用。

②封沙育林育草模式。在沙区退耕后具有植被恢复能力的地段，建立封育区，并采取必要措施，促进天然植被恢复。我国土地沙化发展的主要原因是植被破坏，而植被破坏的主要原因是人为对资源的不合理的、掠夺式的利用。采取有效措施，对生态脆弱区域中有植物生长基本条件的地段实行封育，给植物以恢复生长和繁殖更新的机会，促进植物生长，缓解和扭转土地的沙化进程。

确定封育地段：选择有植物繁育条件、远离村庄、人畜活动较少，有植物生长的立地条件（如地下水、地表水的补给）的地段。

封育时间：视植被的恢复程度而定，以植被达到可再利用状态为宜。不同退化程度的区域需要不同封禁时间，有的需要一年，有的只需要几个月。

③生态经济型防护林体系建设模式。生态经济防护林体系是以合理利用光、热、水、土等自然资源为依据，以提高土地生产力为目标，以防护林为主体，配置科学、结构合理、功能完善的生态经济高效的绿色人工生态经济系统的综合体。北京市的风沙区和水源区水热资源丰富、地形多种多样、土层深厚，适宜于多种乔灌木生长。

④高效灌木经济林模式。在陡坡区大面积种植乔木果树，不仅成活难、生长差、产量低，而且容易干枯死亡。采用集流节水措施增强蓄水保墒能力，为灌木经济树种创造良好的生长条件，营造耐旱的灌木经济林，可将生态效益与经济效益有机地结合起来，增强林业自我发展潜力，使退耕还林还草得以顺利实施。

（2）浅山区兴林兴果模式

浅山地区为北京的生态屏障，应加强生态建设、保护，加强村庄规划，保护好传统村落，协调好历史布局与目前发展、道路与房屋、村庄与周围山水田园的关系；发展乡村旅游业，以村民为主体，立足提升村民的生活品质和环境，打造乡村旅游的亮点看点，让游客体验到真实的农村生活。

根据适地适树的原则，为不同的立地条件类型选择适生树种，统一规划、布局，科学配置林种和树种。在土层深厚的平缓阳坡，发展以苹果为主，兼有蜜桃、大杏、酥梨、葡萄等果树的经济林；在陡坡营造防护林，其中阴坡栽植油松、华北落叶松、刺槐；阳坡栽植山桃、山杏、侧柏；沟道发展杨树和柳树。发展庭院经济，进行复合经营：利用庭院内的土地，积极发展庭院经济，在果园和林地实行林、果、药（柴胡、黄芩）、菜（黄花菜、大葱、洋芋等）间作，增产增收。

4.2.2.2 退耕还林植物配置及景观效益改造模式

充分利用植物的不同组合，打破原有的僵化空间，形成生物多层结构；主次分明，疏朗有序，即主要突出某一树种进行栽植，其他树种进行陪衬；通过里外错落的种植及对曲折起伏的地形的合理应用，使林缘线、林冠线有高低起伏的变化韵律，形成景观的韵律美；注重季相变化，产生春则繁花似锦，夏则绿荫暗香，秋则霜叶似火，冬则翠绿常延的景象；布局合理，疏朗有致，单群结合。应将协调好人与自然的和谐融洽放在首位，通过对植物景观的科学设计，满足人们对绿化生理和心理的需求。

4.2.2.3 退耕还林林分结构与多功能优化模式

以北京市退耕还林林分为研究对象，通过对其涵养水源、保育土壤、净化大气环境和生物多样性保护等功能的研究，选择树种组成结构、林分年龄结构、林分郁闭度、林分层次结构、林分生物量结构和林分土壤厚度6个指标，揭示北京市退耕还林林分结构和功能之间的关系，结合对北京市退耕还林结构的研究，针对不同区域所处的生态位和需求，提出北京市退耕还林林分结构与生态功能的优化模式。

4.2.2.4 退耕还林复合经营模式

在退耕还林建设过程中，借助林地所处的不同地区的生态环境，在林冠下进行多种复合型的经营项目，如农业、种植业、畜牧业、林业等。在培育林业资源的同时，还能增加相应的附属产品，从而达到利益的最大化，改善生态环境。主要有林菌模式、林菜模式和林药模式等。

4.2.3 山区经济林政策

除退耕还林涉及的经济林外，北京山区经济林占有较大面积，但由于缺乏科学规划、科技水平低，产品质量达不到预期要求。在发展过程中，主要依靠自主经营，一方面造成投入资金不足，影响产品质量和产业规模扩大；另一方面发展受到区域限制，可持续发展能力不足。目前，山区经济林经营主体老龄化严重，弃管率超过40%，但山区经济林具有经济效益的同时也具有更巨大的生态效益，为了更好地发挥山区经济林的生态效益，建议将山区经济林纳入退耕还林体系，形成生态经济兼用林，享受退耕还林后续相关政策。

4.2.4 退耕还林生态功能监测政策

扩大生态效益监测范围，有利于退耕还林工程成果巩固，工程将发挥出更高的生态效益，工程生态效益主导功能将得到更大发挥，为退耕还林工程生态效益监测带来新的机遇。

（1）退耕还林工程生态效益监测精度还需提升

本典型调研报告对退耕还林生态效益进行评估，以北京市退耕还林基础数据、森林生态站数据和社会公共数据为基础，采用分布式测算方法，将退耕还林生态系统模糊界定为均质的生态单元，在一定程度上反映了北京市退耕还林工程生态效益的基本状况。但评估的精度明显地受到退耕还林监测站数量和森林生态站点分布影响，尚不能精确地量化退耕还林工程所提供的全部生态效益。因此，需要进一步加强北京市退耕还林专项监测及监测站点分布格局优化，增加监测站点，并且严格按照中华人民共和国林业行业标准《退耕还林工程生态效益监测与评估规范》（LY/T 2573—2016）建设监测站点，不断积累连续监测数据和连续清查数据，从而能够有效对北京退耕还林的生态效益进行精准评估。

（2）退耕还林工程生态效益评估指标还需充实完善

本次评估报告依据国家林业局 2008 年发布的行业标准《森林生态系统服务功能评估规范》（GB/T 38582—2020），选择确定了森林涵养水源、保育土壤、固碳释氧、林木积累营养物质、净化大气环境和生物多样性保护等 6 类 18 项生态服务指标的评估方法体系。这些评估指标并不能涵盖退耕还林工程提供的所有生态功能，即使是某个单一指标，也不能反映北京退耕还林工程的全部生态功能。如森林除了能够净化大气环境外，还能够改变环境小气候、降低噪音和降温增湿等。退耕还林的这些生态功能都是客观存在的并惠益人类，但受限于目前的仪器设备和技术手段，还无法对这些功能进行全部准确评估，这势必会造成生态总效益值的偏低。另外，退耕还林还有一些面源污染等负效应。这些都有待于今后深入研究，不断改进监测技术和手段，从而全面地反映退耕还林所提供的生态服务。今后如何更全面、客观和科学地评价退耕还林工程效益将会是研究重点。因此，还需完善退耕还林生态效益监测评估指标。

第三章　对策与建议

基于本次退耕还林典型调研数据，综合北京市退耕还林工程成效与存在问题，参考现行政策施行标准，本研究建议以生态优先、政策引导与农民自愿相结合和精准扶低为原则，拟制定如下后续政策。

（1）提高退耕还林补贴费用

方案 1：分类综合考虑退耕还林所处的立地条件、生态区位、退耕还林生长和经济收益状况、适地适树情况及树种类型和规模经营情况，对于处于重要生态区位、坡度大于 25°和退耕户无继续经营意愿的过熟速生杨林地鼓励流转；生态经济兼用林自主经营并给予补贴；有发展前景的经济林自主经营并给予政策优惠。

第一类：将生态区位重要的退耕林地调整为生态公益林。将处于坡度 25°以上、重要水源地（一级水源区）或退耕户无继续经营意愿的过熟速生杨林地退出经营，在退耕户自愿的前提下，由政府转为生态林，允许退耕户自主更新采伐杨树，并给予每年每亩 1000～1500 元/（亩·年）的流转费。

第二类：给予退耕还生态林农户退耕补贴。将退耕还生态林及生态经济兼用林（板栗、核桃、柿子、枣、山楂、仁用杏等）的退耕还林地纳入林地管理，由退耕户自主经营达到验收标准的给予 500～700 元/（亩·年）的补贴（表 2-27），验收不合格的不给予任何补贴。

第三类：集成相关政策，扶持退耕农户林果产业发展；创新发展模式，组织退耕农户经营管理退耕林地。将栽植有发展前景的生态经济兼用林、果树等退耕还林地，由退耕户自主经营并享受农业补贴政策，组织科技专家推广先进技术。退耕林地建立新型集体林场，组织退耕户开展养护管理，鼓励开展多样化联合与合作，促进退耕林地适度规模经营。

方案 2：综合考虑退耕户意愿、种植粮食收益、经济林效益和平原造林补偿费，自愿将退耕还林地纳入平原造林管理体系的退耕户，按照平原造林—浅山台地管理办法实施，给予退耕户 1000 ～ 1500 元 /（亩·年）流转费；不愿意将退耕林地纳入平原造林管理体系的退耕户自行经营。

（2）加强低效林分模式改造和工程指导

针对退耕还林工程中树种配置与林分结构单一、生态景观效果距离美丽乡村建设要求有差距等问题，建议实施林分改造工程项目，具体模式有：退耕还林低产低效林改造模式；退耕还林植物配置及景观效益改造模式；退耕还林林分结构与多功能优化模式；退耕还林复合经营模式等。

该项工作由林业主管部门引领，使北京市退耕还林工程更好地发挥其生态绿化、净化、美化等多项功能。

（3）将山区经济林纳入退耕还林体系构建

除退耕还林涉及的经济林外，北京山区经济林占有很大面积，但由于缺乏科学规划，目前主要依靠自主经营，存在投入资金欠缺、可持续发展潜力不足、经营主体老龄化严重、弃管率超过 40% 等问题。为了更好地发挥山区经济林巨大的潜在生态效益，建议将山区经济林纳入退耕还林体系，享受退耕还林后续相关政策。

（4）构建退耕还林生态功能监测网络和体系

为了实时了解退耕还林工程生态效益状况，建议按照中华人民共和国林业行业标准《退耕还林工程生态效益监测与评估规范》（LY/T 2573—2016），设立不同类型监测站点，构建北京市退耕还林工程生态效益专项监测网络，优化站点分布格局，长期、连续、精准监测和评估北京市退耕还林工程生态功能，为"绿水青山就是金山银山"提供数据支撑。

第四章　展　望

退耕还林工程在经济社会发展中具有重要作用，从本次调研结果来看，退耕还林生物量不断积累，树木生长良好，为绿色发展奠定了重要的物质基础。退耕还林工程生态效益巨大，价值量显著提升，为社会提供了普惠的民生福祉，为美丽北京的建设提供了良好生态条件。随着退耕还林补助政策签约合同的陆续到期，为实现工程区经济社会可持续发展与广大退耕农户自身利益"双赢"，巩固前期成果，退耕还林长效机制可从如下方面开展。

①坚持生态优先，保障生态安全。坚持尊重自然、顺应自然、保护优先和自然恢复为主的方针，实行最严格的生态环境保护制度，是落实"保护生态环境就是保护生产力、改善生态环境就是发展生产力"新理念的基础。退耕还林既要遵循生态效益优先的原则，将退耕还林与公园体制、生态治理和观光园等整体结合，因地制宜、合理配置资源，又要把经济效益放到至关重要的地位，进行科学规划、分类指导，才能够保持退耕还林有旺盛的生命力。各地区在进行退耕还林中，要结合实际情况，遵循宜林则林、宜草则草、乔灌草相结合的原则，依据不同的退耕还林类型及模式科学界定，分类经营，并且要落实责任，对退耕还林成效进行定期考核。针对不同类型的生态功能区，采取相应的生态服务功能管理策略。通过因地制宜和适地适树使退耕还林工程做到生态效益、经济效益和社会效益相统一，提高退耕还林的科学性，巩固退耕还林的成效，为实现林业的可持续发展和永续利用奠定基础，也为生态安全提供保障。

②坚持与发展产业相结合，促进农户增收致富。退耕还林工程的实施改变了长期以来广种薄收的传统耕种习惯，有效地调整了不合理的土地利用结构，同时解放了大量农村剩余劳动力，使更多的劳动力投入到第二、第三产业建设中，在一定程度上加快了第一产业逐渐向第二、第三产业转变的步伐，助推了

农村产业结构优化升级。通过实施退耕还林，培育了一批特色林业乡镇，使之成为当地特色支柱产业、农村经济发展和农民增收致富的新增长点，促进了农民增收。退耕还林在经济方面的直接受益主体是退耕农户，国家对退耕农户直接提供钱粮补助，地方政府通过向国内大型企业引资、培植当地企业，共同建设退耕地还林产业基地，为农户解决长远生计问题提供有力保障，使农民逐渐减弱对土地的依赖性，增加工资性收入，农户家庭纯收入稳步提升，有助于精准扶低，农民生活质量得到巨大改善。实践证明，加大退耕还林力度、巩固和扩大退耕还林成果，是改善生态和民生、顺应广大人民群众期待的迫切需要，对建设生态文明和乡村振兴具有重大的现实意义和深远的历史意义。

③坚持专项治理，推进退耕还林政策落地。根据政府安排，开展突出问题的专项整治，做好退耕还林的检查、监测和档案建设管理工作，注重选地用地、资金使用、耕地面积统计和管护维护等问题。要建立和完善退耕还林的组织机构，做到专人负责管理，制定完善的管理人员责任制度。结合本地区情况，制定地区退耕还林管理条例，监测验收管理责任制，确保党和国家退耕还林政策的贯彻落实，同时要提高监测方法的先进性和科学性。退耕还林的补助资金是直补给农民和退耕还林法人代表的，因而对退耕还林的补助资金管理不能有丝毫的松懈，必须做到专款专用、专人管理。采用给老百姓发放银行卡的形式，将退耕还林补助资金由区财政局直接打入百姓退耕还林补助资金银行卡中，减少中间环节，直补给百姓。同时要加强对毁林、复耕回收资金和罚款的管理，充分利用广播、电视、报刊、宣传板报等多种宣传形式加大对退耕还林政策的宣传力度。严厉打击毁林复耕隐瞒不报和恶意骗取国家退耕还林补助资金的犯罪行为。同时，加强退耕还林档案建设和管理工作，采用一切先进的仪器和科学的管理机制，建立运用全球定位系统、地理信息系统、互联网监测管理机制，确保工程落地到山头地块。

④落实退耕还林生态补偿制度。党的十八大提出，深化资源性产品价格和税费改革，建立反映市场供求和资源稀缺程度、体现生态价值和代际补偿的资源有偿使用制度和生态补偿制度。本次报告评估了北京市退耕还林工程发挥的生态效益，全面科学地量化了退耕还林工程生态效益的物质量和价值量，为实现森林生态补偿制度提供了重要的科学依据。今后，要充分利用评估结果，推动建立健全退耕还林的有偿使用和生态补偿制度，使森林资源真正成为林农的

绿色财富，让林农在社会主义市场经济体制改革中获得实实在在的收益。在生态补偿方面，要以退耕还林工程受益的对象和范围为依据，建立全流域、跨区域的生态补偿体系，提高生态补偿标准，调动各方面造林、育林和护林的积极性。要充分利用退耕还林工程生态效益评估结果，积极推动将退耕还林工程生态效益纳入地方 GDP 核算体系，客观公正地评价退耕还林工程区为该地区经济发展和人民生活水平提高所做出的贡献，准确地反映出退耕还林生态系统的变化与经济发展对生态效益的影响，全面突显工程区对地区和国家可持续发展的支撑力，形成多种渠道、多种形式的退耕还林生态补偿机制。

附录 1　各区退耕还林典型调研现状和意愿

1　门头沟区

1.1 总体情况

退耕地管护情况较差，不施肥的退耕户占 61.6%，不打药的退耕户占 60%，不浇水的退耕户占 85.6%；在使用农机具方面，76% 的退耕户不使用农机具，使用的费用大部分在 500 元 /（亩·年）以下。不浇水的原因一是无水利设施，二是大部分退耕地均在坡地上无法浇水。退耕地普遍存在缺水问题，特别是退耕鲜果树种，抗旱性较生态林和生态经济兼用林差，且所处山区，不利于灌溉实施。

门头沟区老年人居多，受教育程度多为初中，人均月收入在 1～1000 元的占比较多，主要收入来源是第一产业；从退耕地的年产值来看，54.4% 的退耕户年产值均在 1～1000 元，无任何产值的退耕户比例也达到了 34.4%。

区级领导均同意流转，流转费在 1100 元 /（亩·年）；80% 的乡镇干部和 76% 的村干部同意流转。在同意流转的村干部中，40% 的村干部建议流转费在 1500～2500 元 /（亩·年）；59% 的退耕户选择自行经营，仅有 25% 的退耕户同意流转，51% 的退耕户建议流转费在 1000～1500 元 /（亩·年），其原因是退耕户打算自主经营；针对不同退耕还林经营情况、生长状况和不同条件，区和乡镇认为应该统一标准补偿；村干部认为应分类补偿的较多。部分有特色产业的乡镇如妙峰山镇有采摘园，斋堂镇有大量的承包大户，他们建议的流转费是 2500 元 /（亩·年）。此外，没有产业的村民，靠政策生活，收入水平较低，复耕地比较多。

1.2 退耕户基本情况

（1）年龄分布

门头沟区退耕户年龄分布如附图 1-1 所示，60 岁以上的退耕户占 44%，50 ～ 60 岁的退耕户占 41%，40 岁以下的人口只占 1%。可见，门头沟区退耕林地管理人员老龄化现象严重，85% 的退耕户均在 50 岁以上。

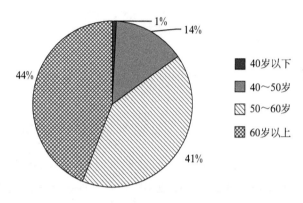

附图 1-1　门头沟区退耕户年龄分布

（2）退耕还林政策的了解和满意程度

附表 1-1 为门头沟区退耕户对退耕还林政策的了解和满意程度，其中分别有 38.4% 和 35.2% 的退耕户对退耕还林政策很了解和比较了解，只有 3.2% 的退耕户不了解退耕还林政策。对最初退耕还林补偿满意程度的调查发现，84.6% 的退耕户比较满意，满意程度一般的占 8.0%；不存在选择不满意的退耕户。对现在的退耕还林补偿满意程度的调查发现，44.0% 的退耕户不满意，分别有 24.8% 和 24.0% 的退耕户选择了比较满意和一般，很满意的退耕户只有 7.2%。可见，退耕还林政策在最初实施时，村民满意程度较高，随着经济的发展，退耕还林补偿政策满意度逐渐下降，主要原因在于退耕还林享受的补偿较低，退耕地经济收入较少，无法满足农民生活。

附表 1-1　门头沟区退耕户对退耕还林政策的了解和满意程度

评价内容	选项	频数	比例
是否了解退耕还林政策	很了解	48	38.40%
	比较了解	44	35.20%
	一般	29	23.20%
	不了解	4	3.20%
最初补偿满意程度	很满意	8	6.40%
	比较满意	107	85.60%
	一般	10	8.00%
	不满意	—	—
现在补偿满意程度	很满意	9	7.20%
	比较满意	31	24.80%
	一般	30	24.00%
	不满意	55	44.00%

（3）受教育程度

门头沟区退耕户受教育程度如附图 1-2 所示，有 55% 的退耕户受教育程度为初中，文化程度为高中的占 24%，16% 的退耕户为小学及以下水平，只有 5% 的退耕户受教育程度为大学及以上。可见，门头沟区退耕户受教育普遍程度较低。

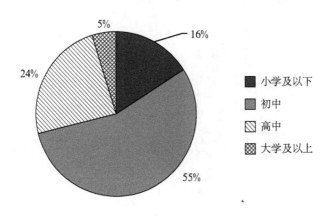

附图 1-2　门头沟区退耕户受教育程度

（4）月人均收入

门头沟区退耕户月人均收入如附图 1-3 所示，有 44% 的退耕户月人均收入在 1000 元以下，月人均收入在 1000～2000 元的占 37%，9% 的退耕户月人均收入在 2000～3000 元，只有 10% 的退耕户月人均收入在 3000 元以上。可见，门头沟区退耕户月人均收入较低，2000 元以下的占 81%。

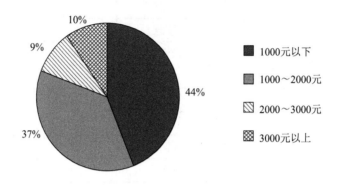

附图 1-3　门头沟区退耕户月人均收入

（5）主要收入来源

门头沟区退耕户主要收入来源如附图 1-4 所示，有 46% 的退耕户主要收入来源为务农，22% 的退耕户主要收入来源为政府资助（养老金、低保金），29% 的退耕户主要收入来源选择了其他，主要包括外出务工和在附近区域工作，只有 3% 的退耕户进行小本生意，自己经营。可见，门头沟区退耕户主要收入来源为务农。

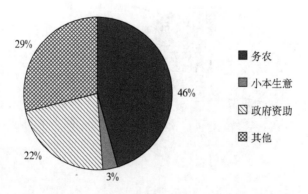

附图 1-4　门头沟区退耕户主要收入来源

1.3 退耕还林林分生长状况

（1）种植树种

门头沟区退耕户主要种植树种如附图 1-5 所示，种植杏树的退耕户最多，占比达到了 37%；其次是枣和核桃，占比分别为 20% 和 14%；苹果和梨的占比均为 6%；樱桃和桃的占比均为 3%；葡萄仅占 2%；其他树种如柿子、花椒、国槐、李子等占 9%；无板栗和杨树种植。

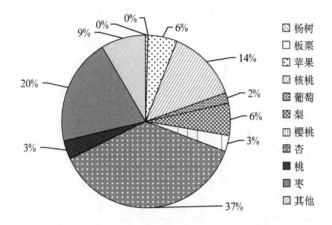

附图 1-5　门头沟区退耕还林主要种植树种

（2）树种生长状况

门头沟区退耕户主要种植树种的生长状况如附表 1-2 所示，从成林率来看，均达到了 64.33% 以上，最高的是苹果，其成林率为 95.33%；其次是国槐，也达到了 90%；梨、香椿和核桃均在 80% 以上。大部分树种均在坡地上种植，林龄在 6～20 年；所有林地均达到了郁闭。从林木长势来看，除了苹果长势差以外，其他树种长势均为中等或好，经营情况大部分表现为好，只有苹果为差。

附表 1-2 门头沟区退耕还林主要树种生长状况

树种	杏	枣	核桃	樱桃	国槐	李子	苹果	香椿	梨树	葡萄
品种	大扁	—	薄皮	红灯	—	布朗	富士	红头	京白	—
退耕面积/亩	55.60	30.65	12.10	10.00	2.00	9.70	14.23	9.80	0.50	2.00
成林率	79.21%	64.33%	85.75%	75.00%	90.00%	77.67%	95.33%	80.20%	80.00%	—
坡度	20°	15°	16°	15°	—	12°	—	20°	15°	—
郁闭度	0.61	0.41	0.73	0.75	0.60	0.65	0.75	0.80	0.65	—
林龄/年	16	13	13	10	20	16	8	16	12	6
树高/m	3.68	5.70	6.60	3.40	8.00	4.00	4.33	7.90	5.50	3.20
胸径/cm	9.02	10.79	13.40	15.00	30.00	15.00	9.50	5.37	7.60	2.20
冠幅/m	3.40	3.63	6.43	2.48	3.14	3.57	2.80	3.80	5.00	1.50
林木长势	中	中	好	中	好	中	差	中	中	中
株行距/(m×m)	3×2	3×4	3×3	3×2	3×3	2.5×2	3×4	4×3	3×2	3×2
经营情况	好	好	中	中	好	中	差	好	好	好

1.4 退耕还林果品销售和管护情况

（1）退耕还林果品销售

门头沟区退耕还林果品销售情况如附表 1-3 所示，没有果品销售渠道的退耕户占 96.0%，只有 4.0% 的退耕户有果品销售渠道。从退耕地的年产值来看，54.4% 的退耕地年产值均在 1 ~ 1000 元/亩，无任何产值的退耕地比例也达到了较高的 34.4%，年产值在 1 ~ 200 元/亩的占 24.0%，年产值在 1000 元/亩以上的退耕地占 11.2%。

附表 1-3　门头沟区退耕还林果品销售情况

评价内容	选项	频数	比例
果品销售渠道	有	5	4.0%
	没有	120	96.0%
年产值 /（元 / 亩）	无产值	43	34.4%
	1 ～ 200	30	24.0%
	200 ～ 500	20	16.0%
	500 ～ 1000	18	14.4%
	1000 以上	14	11.2%

（2）退耕还林管护

门头沟区退耕还林管护情况如附表 1-4 所示，从施肥情况来看，38.4% 的退耕户施肥；61.6% 的退耕户不施肥，施肥多以复合肥和农家肥为主，每亩每年花费金额多在 500 元以下（87.5%）；打药和不打药的退耕户分别占 40.0% 和 60.0%，每亩每年打药的花费也多在 500 元以下，占比为 92.0%。在退耕地浇水方面，浇水和不浇水的退耕户分别占 14.4% 和 85.6%，不浇水的原因一是无水利设施，二是大部分退耕地均在坡地上，无法浇水。在使用农机具方面，76.0% 的退耕户不使用农机具，24.0% 的退耕户使用，每亩每年用于农机具的花费在 500 元以下的占 89.3%。对于退耕地每年的管护时间，所有退耕户的管护时间均在 3 个月以下。

附表 1-4　门头沟区退耕还林管护情况

评价内容	选项	频数	比例	评价内容		频数	比例
是否施肥	是	48	38.4%	复合肥		26	54.2%
				农家肥		22	45.8%
				其他		0	—
				每亩每年花费	0 ～ 500 元	42	87.5%
					500 ～ 1000 元	4	8.3%
					1000 元以上	2	4.2%
	否	77	61.6%	—			

评价内容	选项	频数	比例	评价内容		频数	比例
是否打药	是	50	40.0%	每亩每年花费	0～500 元	46	92.0%
					500～1000 元	3	6.0%
					1000 元以上	1	2.0%
	否	75	60.0%		—		
是否浇水	是	18	14.4%	每亩每年花费	0～500 元	13	72.2%
					500～1000 元	5	27.8%
					1000 元以上	0	—
	否	107	85.6%		—		
是否使用农机具	使用	30	24.0%	每亩每年农机具油钱	0～500 元	25	89.3%
					500～1000 元	1	3.6%
					1000 元以上	2	7.1%
				雇人使用花费	0～500 元	2	100.0%
					500～1000 元	0	—
					1000 元以上	0	—
	未使用	95	76.0%		—		
每年管护时间	3 个月以下	125	100.0%				
	3～6 个月	0	—		—		
	6 个月以上	0	—				

1.5 退耕还林意愿和补偿金额

（1）区意愿和补偿金额

门头沟区主管退耕还林工作的领导和区林业站站长均同意在退耕户自愿的前提下全区退耕地进行流转，由集体来经营管理；期望流转费为 1100 元/（亩·年）。对于经营效益好的退耕户，可自己选择是否流转；对于经营效益一般和没有经营效益、不同生长状况和不同立地条件的统一补偿标准。

（2）乡镇意愿和补偿金额

门头沟区乡镇退耕还林到期后，乡镇干部后续意愿和流转费如附图 1-6 至附图 1-8 所示，退耕还林到期后为了保证退耕还林的成果和效益，同意退耕林地流转，流转费用在 1500 ～ 2500 元 /（亩·年）。

　　经统计，有 80% 的乡镇干部同意流转的方式，20% 的乡镇选择了自行经营，无乡镇干部选择复耕和弃管。在流转费方面，70% 的乡镇干部认为 1500 ～ 2500 元 /（亩·年）的流转费较为合理，30% 的乡镇干部认为 1000 ～ 1500 元 /（亩·年）的流转费较为合理。对于不同生长状况和不同立地条件下的退耕还林地均选择统一补偿标准。

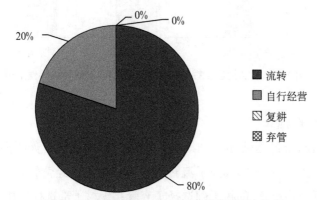

附图 1-6　门头沟区乡镇干部退耕意愿所占比例

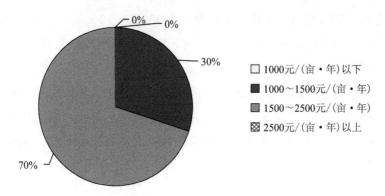

附图 1-7　门头沟区乡镇干部建议流转费所占比例

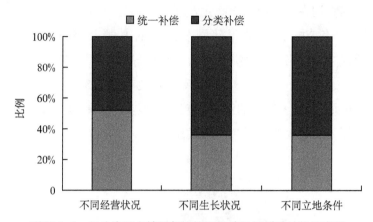

附图1-8　门头沟区乡镇干部建议不同情况退耕林地补偿意愿

（3）村干部意愿

门头沟区村干部退耕还林到期后，后续意愿和流转费如附图1-9至附图1-11所示，76%的村干部选择了流转的方式，由集体经营管理；16%的村干部选择了自行经营；8%的村干部选择了弃管；无村干部选择复耕。

在金额补偿方面，40%的村干部均认为1500～2500元/（亩·年）的补偿较为合理；32%的村干部认为流转费在1000元/（亩·年）左右较为合理；20%的村干部认为1000～1500元/（亩·年）的流转费较为合理；8%的村干部选择了大于2500元/（亩·年）的流转费。

针对不同经营状况，52%的村干部选择统一补偿，48%的村干部选择分类补偿。针对不同生长状况，36%的村干部选择统一补偿，64%的村干部选择分类补偿；针对不同立地条件，36%的村干部选择统一补偿，64%的村干部选择分类补偿。

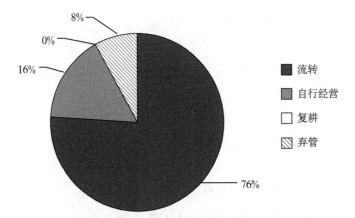

附图 1-9 门头沟区村干部退耕意愿所占比例

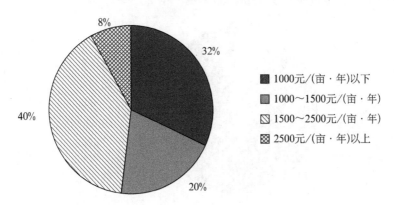

附图 1-10 门头沟区村干部建议流转费所占比例

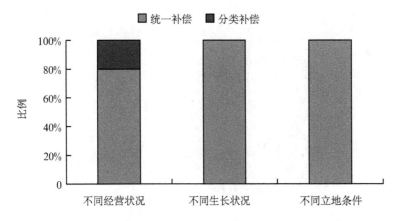

附图 1-11 门头沟区村干部建议不同情况退耕林地补偿意愿

（4）退耕户意愿和补偿金额

门头沟区退耕户退耕还林到期后，后续意愿和流转费如附图 1-12 至附图 1-14 所示，59% 的退耕户选择了续约合同；25% 的退耕户选择流转的方式，由集体经营管理；8% 的退耕户选择了其他方式；7% 的退耕户选择了弃管；1% 的退耕户选择了复耕。

在后续补偿方式方面，89% 的退耕户选择了现金补助，10% 的退耕户选择了粮食补助，只有 1% 的退耕户选择了由政府提供农机器械。

对于流转的资金，51% 的退耕户认为 1000～1500 元/（亩·年）的流转费较为合理，31% 的退耕户认为在 1000 元/（亩·年）左右较为合理，18% 的退耕户认为流转费应大于 1500 元/（亩·年）。

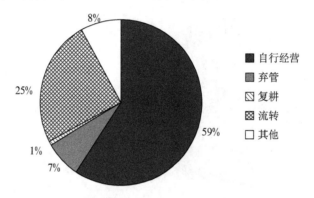

附图 1-12　门头沟区退耕户希望退耕林地处置方式

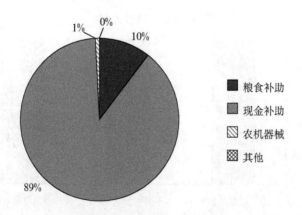

附图 1-13　门头沟区退耕户希望后续补偿方式

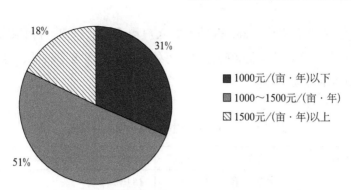

附图 1-14　门头沟区退耕户建议流转费所占比例

1.6 退耕还林典型情况

（1）坡度分布

门头沟区退耕还林坡度分布如附图 1-15 所示，60% 的退耕还林地均位于台地上，23% 的退耕还林地坡度在 15°～20°，17% 的退耕还林地坡度在 25°～30°。可见，门头沟区的退耕还林地多以台地退耕为主。

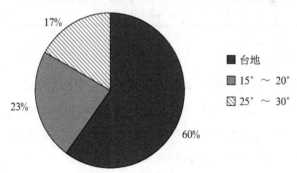

附图 1-15　门头沟区退耕还林坡度

（2）低收入户情况

门头沟区退耕还林低收入户情况如附表 1-5 所示，62.0% 的退耕低收入户认为低收入的原因是家庭老弱病残较多，20.0% 的人认为是由于没有技术能力，也有 18.0% 的人认为是因为外出人较多；退耕还林补偿对低收入户生活水平的影响：68.0% 退耕低收入户认为无任何影响，28.0% 的认为有所提高，4.0% 的认为水平降低；在所有低收入退耕户中只有 12.0% 的是低保户，每人领取的低保金在 1000 元以内，88.0% 的低收入户均不是低保户。可见，门头沟区退耕还林低收入户多以老弱病残为主，另外低保金的覆盖率较低，退耕的补偿对其生活水平的影响不大。

附表 1-5　门头沟区退耕还林低收入户情况

评价内容	选项	频数	比例	补偿金额	比例
收入低原因	外出人多	9	18.0%		
	老弱病残多	31	62.0%		
	没有技术能力	10	20.0%	—	
补偿对生活的影响	水平提高	14	28.0%		
	无影响	34	68.0%		
	水平降低	2	4.0%		
是否是低保户	是	6	12.0%	0～1000 元	100%
				1000～2000 元	—
				2000 元以上	—
	否	44	88.0%	—	

（3）退耕还林承包情况

门头沟区退耕还林承包情况如附表 1-6 所示，退耕承包农户承包土地剩余年限均在 0～10 年，均有合同存在；也有 16.7% 的退耕承包农户存在承包其他农户土地的情况，83.3% 的不存在承包其他农户土地的情况；每年的租金每亩在 400 元以下和 800 元以上的承包农户各占 33.3%。

附表 1-6　门头沟区退耕还林承包情况

评价内容	选项	频数	比例	数量
土地剩余年限	0～5 年	3	50.0%	
	5～10 年	3	50.0%	—
	10 年以上	0	—	

评价内容	选项	频数	比例	数量		
是否承包其他农户土地	否	5	83.3%	—		
	是	1	16.7%	承包户数	0～5户	—
					5～10户	1
					10户以上	—
				耕地面积	30～100亩	—
					100～500亩	1
					500亩以上	—
合约形式	口头承诺	0	—	—		
	合同	6	100.0%			
	第三方证明	0	—			
	其他	0	—			
每亩每年租金	400元以下	2	33.3%	—		
	400～500元	1	16.7%			
	500～600元	1	16.7%			
	600～800元	0	—			
	800元以上	2	33.3%			
是否有利益纠纷	无	6	100.0%			
	有	0	—			

（4）退耕还林采摘园情况

门头沟区退耕还林采摘园情况如附表 1-7 所示，采摘园的规模大部分较小，66.7% 的采摘园管理人数均在 5 人以下，采摘园的面积全部在 50 亩以下；采摘的价格也较低，66.7% 的价格在 20～50 元/公斤；采摘年收入在 0～5 万元/（亩·年），地理位置均在乡村；有 66.7% 的采摘园引进了高科技。总体来看，多数采摘园经营者认为目前的收入很一般，对目前的补助也不是很满意，希望的补偿方式多以现金为主。

附表 1-7 门头沟区退耕还林采摘园情况

评价内容	选项	频数	比例	评价内容	选项	频数	比例
经营规模	5 人以下	2	66.7%	地理位置	区中心	0	—
	5～10 人	0	—		乡镇	0	—
	10～15 人	1	33.3%		农村	3	100.0%
	15 人以上	0	—	是否对高科技引进	是	2	66.7%
果园面积	50 亩以下	3	100.0%		否	1	33.3%
	50～100 亩	0	—	目前收入是否满意	非常满意	0	—
	100～300 亩	0	—		满意	1	33.3%
	300～500 亩	0	—		一般	2	66.7%
	500 亩以上	0	—		不太满意	0	—
采摘价位	小于 20 元 / 公斤	1	33.3%		很不满意	0	—
	20～50 元 / 公斤	2	66.7%	希望补偿方式	农机类补助	1	33.3%
	50～100 元 / 公斤	0	—		资金补偿	2	66.7%
	大于 100 元 / 公斤	0	—		提供工作方向	0	—
每天采摘人数	小于 20 人 / 天	2	66.7%		技术支持	0	—
	20～50 人 / 天	1	33.3%		其他方式	0	—
	50～70 人 / 天	0	—	目前的补助是否满意	非常满意	1	33.3%
	70～100 人 / 天	0	—		满意	0	—
	大于 100 人 / 天	0	—		一般	2	66.7%
每亩采摘年收入	1 万元以下	1	33.3%		不太满意	0	—
	1 万～3 万元	1	33.3%				
	3 万～5 万元	1	33.3%		很不满意	0	—
	5 万～20 万元	0	—				

（5）退耕还林林下种养情况

门头沟区退耕还林林下种养情况如附表 1-8 所示，全区只有 4.80% 的退耕户存在林下种养的情况，95.20% 的退耕户不存在林下种养；林下种养的年收入也较低，83.30% 的退耕户林下种养年收入在 500 元以下；对于目前的退耕还林补偿，66.70% 的退耕还林林下种养户很不满意。

附表 1-8　门头沟区退耕还林林下种养情况

评价内容	选项	频数	比例	种养类型	频数
	否	119	95.20%	—	
是否有林下种养				种植业	5
	是	6	4.80%	养殖业	1
				采集业	–
				其他	–
年收入	500 元以下	5	83.30%		
	500～1000 元	0	—		
	1000～2000 元	1	16.70%		
	2000 元以上	0	—		
目前的补助是否满意	非常满意	0	—	—	
	满意	0	—		
	一般	2	33.30%		
	不太满意	0	—		
	很不满意	4	66.70%		

2　延庆区

2.1 总体情况

　　管护处于中上水平，其中 50% 以上的退耕户对其退耕地进行施肥、打药、浇水，使用农机具的较少。没有果品销售渠道的退耕户占 94.4%，64.8% 的退耕户年产值均在 1000 元以下，无产值的占 29.6%。

　　管理退耕林地的老年人居多，50 岁以上的退耕户占 82%；84% 的退耕户受教育程度为初中及以下，50% 的退耕户人均月收入在 1～1000 元。对最初退耕还林补偿满意程度调查发现，71.2% 的退耕户很满意，不满意的退耕户占 7.2%，64% 的退耕户对现在的退耕还林补偿满意程度不满意。

　　区级领导均同意流转退耕林地，希望流转费与平原造林保持一致，流转费为 1000～1500 元/（亩·年）；100% 的乡镇干部和 96% 的村干部同意流转。

在同意流转的乡镇干部和村干部中，100% 的乡镇干部和 68% 的村干部建议流转费在 1000 ～ 1500 元 /（亩·年），并希望逐年以 50 元的金额递增；80% 的退耕户也同意流转，51% 的退耕户建议流转费在 1000 ～ 1500 元 /（亩·年）。针对不同经营情况、不同生长状况和不同条件，大部分人认为要统一标准补偿。

延庆区 79% 的退耕地位于台地，坡度较小、存在林下种养，但是收益低，主要是黄芩，5 年才收割一次。

延庆区千家店镇存在退稻还林的补偿标准，每亩地额外补助 520 元 / 年，退耕户希望后期的退耕还林政策可以继续将这一部分的地块补助划分出来，每亩地依旧有 520 元 / 年的补助。存在退耕地面积减少的情况，是由于国家征地、高速（京藏高速、兴延高速）和高铁的修建，土地被动减少。针对在退耕还林政策出台之前就有的林地，存在没有享受到退耕还林政策的情况，涉及土地面积约有百余亩，如今出台新政策，政府应该考虑是否给予纳入。此外，2018 年延庆区还存在 38 000 亩的仁用杏，在开花时节易遇倒春寒，无法成果，造成退耕户没收成。

2.2 退耕户基本情况

（1）年龄分布

延庆区退耕户年龄结构分布如附图 1-16 所示，60 岁以上的退耕户占 37%，50 ～ 60 岁的退耕户占 45%，40 岁以下的退耕户占 3%，40 ～ 50 岁的退耕户占 15%。可见，延庆区退耕户老龄化严重，50 岁以上的退耕户占 82%。

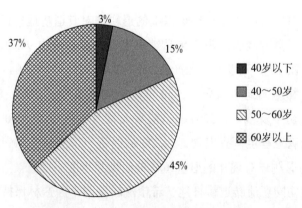

附图 1-16　延庆区退耕户年龄结构分布

（2）退耕还林政策的了解和满意程度

附表 1-9 体现了延庆区退耕户对退耕还林政策的了解和满意程度，分别有 26.40% 和 44.80% 的退耕户对退耕还林政策很了解和比较了解，只有 8.00% 的退耕户不了解退耕还林政策。对最初退耕还林补偿满意程度调查发现，71.20% 的退耕户满意，比较满意、一般满意的分别占 16.00% 和 5.60%；不满意的退耕户占 7.20%。对现在退耕还林补偿满意程度调查发现，64.00% 的退耕户均不满意，分别有 9.60% 和 24.00% 的退耕户选择了比较满意和一般满意，很满意的只有 2.40%。可见，退耕还林政策在最初实施时，满意程度较高，而随着经济的发展，退耕还林补偿政策满意度逐渐下降，主要原因在于退耕还林享受的补偿较低，退耕地收入较少，无法满足农民生活。

附表 1-9　延庆区退耕户对退耕还林政策的了解和满意程度

评价内容	选项	频数	比例
是否了解退耕还林政策	很了解	33	26.40%
	比较了解	56	44.80%
	一般	26	20.80%
	不了解	10	8.00%
最初补偿满意程度	很满意	89	71.20%
	比较满意	20	16.00%
	一般	7	5.60%
	不满意	9	7.20%
现在补偿满意程度	很满意	3	2.40%
	比较满意	12	9.60%
	一般	30	24.00%
	不满意	80	64.00%

（3）受教育程度

延庆区退耕户受教育程度如附图 1-17 所示，有 57% 的退耕户受教育程度为初中，文化程度为高中的占 14%，27% 的退耕户学历为小学及以下水平，只有 2% 的退耕户学历为大学及以上。可见，延庆区退耕户受教育程度较低。

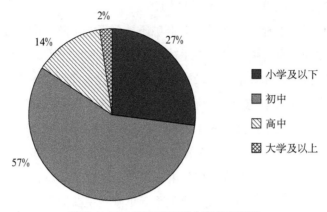

附图 1-17 延庆区退耕户受教育程度

（4）月人均收入

延庆区退耕户月人均收入如附图 1-18 所示，有 50% 的退耕户月人均收入在 1000 元以下，月人均收入在 1000～2000 元的占 33%，14% 的退耕户月人均收入在 2000～3000 元，只有 3% 的退耕户月人均收入在 3000 元以上。可见，延庆区退耕户月人均收入较低，2000 元以下的占 83%。

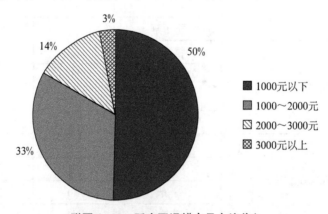

附图 1-18 延庆区退耕户月人均收入

（5）主要收入来源

延庆区退耕户主要收入来源如附图 1-19 所示，有 51% 的退耕户主要收入来源为务农，34% 的退耕户主要收入来源为政府资助（养老金、低保金），12% 的退耕户主要收入来源选择了其他收入，主要包括务工和附近区域工作，只有 3% 的退耕户进行小本生意经营。可见，延庆区退耕户主要收入来源为务农。

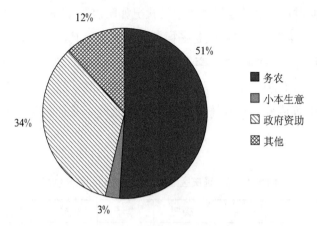

附图 1-19　延庆区退耕户主要收入来源

2.3 退耕还林林分生长状况

（1）种植树种

延庆区退耕户主要种植树种如附图 1-20 所示，种植杏树的退耕户最多，比例达到了 74%；其次是杨树和苹果，比例分别为 7% 和 5%；其他树种占 9%。剩余树种种植数量较少。

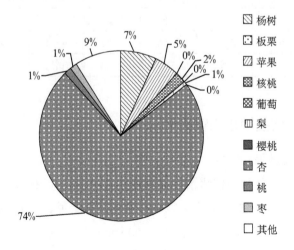

附图 1-20　延庆区退耕还林主要种植树种

（2）树种生长情况

延庆区退耕户主要种植树种的生长状况如附表 1–10 所示，从成林率来看，均达到了 65.00% 以上，最高的是杨树（速生杨），其成林率为 96.00%，其次是苹果，达到了 95.00%，杏、李子和核桃均在 84.00% 以上；几乎所有树种均在台地上种植，林龄在 12～16 年；所有林地均达到了郁闭；从林木长势来看，树种长势为中等或好；经营情况除海棠较好之外，其他树种经营状况为中等或差。

附表 1–10　延庆区退耕还林主要树种生长状况

树种	杏	杨树	李子	核桃	海棠	苹果
品种	大扁杏	速生杨	—	薄皮核桃	—	寒富
退耕面积 / 亩	8.70	6.50	3.00	3.00	8.50	8.00
成林率	91.63%	96.00%	84.00%	85.00%	65.00%	95.00%
坡度	—	—	—	—	—	—
郁闭度	0.72	0.88	0.66	0.85	0.85	0.36
林龄 / 年	16	16	16	15	16	12
树高 /m	3.99	16.76	3.90	8.20	2.50	2.20
胸径 /cm	10.04	15.25	6.10	24.00	17.00	3.00
冠幅 /m	3.27	2.73	1.60	7.20	2.50	0.80
林木长势	好	好	中	好	好	中
株行距 / (m×m)	3×4	3×4	3×3	4×5	3×6	1×1.5
经营情况	差	中	差	中	好	中

2.4 退耕还林果品销售和管护情况

（1）退耕还林果品销售

延庆区退耕还林果品销售情况如附表 1–11 所示，没有果品销售渠道的退耕户占 94.40%，只有 5.60% 的退耕户有果品销售渠道。从退耕地的年产值来看，64.80% 的退耕地年产值均在 1～1000 元，其中 30.40% 的退耕地年产值在 1～200 元；29.60% 的退耕地无任何产值；年产值在 1000 元以上的退耕地占比为 5.60%。

附表 1-11　延庆区退耕还林果品销售情况

评价内容	选项	总计 / 户	比例
果品销售渠道	有	7	5.60%
	没有	118	94.40%
年产值 /（元 / 亩）	无产值	37	29.60%
	200 以下	38	30.40%
	200 ~ 500	30	24.00%
	500 ~ 1000	13	10.40%
	1000 以上	7	5.60%

（2）退耕还林管护

延庆区退耕还林管护情况如附表 1-12 所示，从施肥情况来看，64.00%的退耕户施肥，36.00% 的退耕户不施肥，施肥多以复合肥和农家肥为主，每亩每年花费金额多在 500 元以下（88.75%）；打药和不打药的退耕户分别占83.20% 和 16.80%，每亩每年打药花费大部分为 500 元以下，占比 99.04%；在退耕地是否浇水方面，浇水和不浇水的退耕户分别占 49.60% 和 50.40%，不浇水的原因是无水利设施；在使用农机具方面，56.80% 的退耕户不使用农机具，43.20% 的退耕户使用，使用农机具的费用大部分在每亩每年 500 元以下（77.55%）；大部分退耕户的管护时间在 3 个月以下，占比 89.60%。

附表 1-12　延庆区退耕还林管护情况

评价内容	选项	频数	比例	评价内容		频数	比例
是否施肥	是	80	64.00%		复合肥	42	50.00%
					农家肥	42	50.00%
					其他	0	—
				每亩每年花费	0 ~ 500 元	71	88.75%
					500 ~ 1000 元	9	11.25%
					1000 元以上	0	—
	否	45	36.00%	—			

评价内容	选项	频数	比例	评价内容		频数	比例
是否打药	是	104	83.20%	每亩每年花费	0～500元	103	99.04%
					500～1000元	1	0.96%
					1000元以上	0	—
	否	21	16.80%	—			
是否浇水	是	62	49.60%	每亩每年花费	0～500元	61	98.39%
					500～1000元	1	1.61%
					1000元以上	0	—
	否	63	50.40%	—			
是否使用农机具	使用	54	43.20%	每亩每年农机具油钱	0～500元	38	77.55%
					500～1000元	9	18.37%
					1000元以上	2	4.08%
				雇人使用花费	0～500元	4	80.00%
					500～1000元	1	20.00%
					1000元以上	0	—
	未使用	71	56.80%	—			
每年管护时间	3个月以下	112	89.60%	—			
	3～6个月	8	6.40%				
	6个月以上	5	4.00%				

2.5 退耕还林意愿和补偿金额

（1）区意愿和补偿金额

延庆区主管退耕还林工作的领导和区林业站站长均同意在退耕户自愿的前提下全区退耕地进行流转，由集体来经营管理；期望流转费为 1000 ～ 1500 元 /（亩·年）；对于经营效益一般和没有经营效益、不同生长状况和不同立地条件的均认为应该统一补偿标准。

（2）乡镇意愿和补偿金额

延庆区退耕还林到期后，乡镇干部针对退耕还林后续的政策意愿和流转费如附图 1-21 至附图 1-23 所示，100% 的乡镇干部均同意流转退耕地，由集体经营管理。在流转费方面，100% 的乡镇干部均认为 1000 ～ 1500 元 /（亩·年）

的流转费较为合理。对于不同经营状况、不同生长状况和不同立地条件下的退耕还林地均选择统一补偿标准。

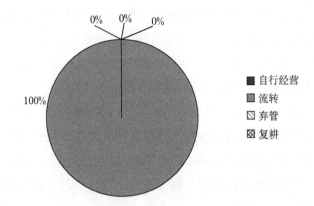

附图 1-21　延庆区乡镇干部退耕意愿所占比例

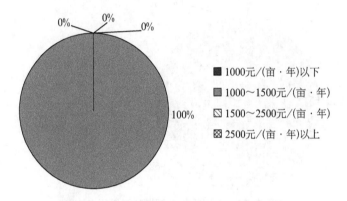

附图 1-22　延庆区乡镇干部建议流转费所占比例

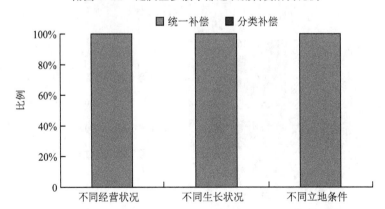

附图 1-23　延庆区乡镇干部建议不同情况退耕林地补偿意愿

（3）村干部意愿

延庆区村干部退耕还林到期的后续意愿和流转费如附图 1-24 至附图 1-26 所示，96% 的村干部均选择流转退耕地，由集体经营管理，其原因在于目前退耕户年龄偏大，无管护精力，而且退耕地收益较低；4% 的村干部选择复耕。

在流转费方面，16% 的村干部均认为 1500 ～ 2500 元 /（亩·年）的流转费较为合理，16% 的村干部认为流转费在 1000 元 /（亩·年）以下较为合理，68% 的村干部认为 1000 ～ 1500 元 /（亩·年）的流转费较为合理。

针对不同经营状况，84% 的村干部选择统一补偿，16% 的村干部选择分类补偿；针对不同生长状况，16% 的村干部选择统一补偿，84% 的村干部选择分类补偿；针对不同立地条件，84% 的村干部选择统一补偿，16% 的村干部选择分类补偿。

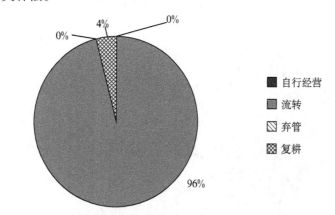

附图 1-24　延庆区村干部退耕意愿所占比例

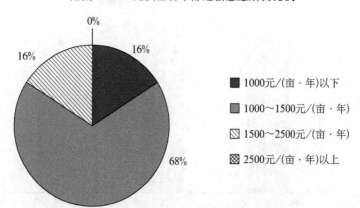

附图 1-25　延庆区村干部建议流转费所占比例

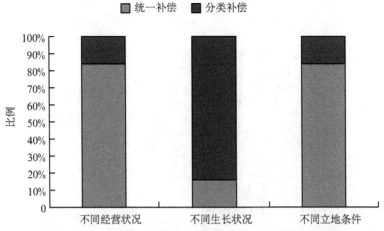

附图 1-26　延庆区村干部建议不同情况退耕林地补偿意愿

（4）退耕户意愿和补偿金额

延庆区退耕还林到期后，退耕户的后续意愿和流转费如附图 1-27 至附图 1-29 所示，17% 的退耕户选择了自行经营；80% 的退耕户选择流转，由集体经营管理；2% 的退耕户选择了其他方式；1% 的退耕户选择了复耕。

在后续补偿方式方面，94% 的退耕户选择了现金补助，6% 的退耕户选择了粮食补助。对于流转的资金，51% 的退耕户认为 1000 ～ 1500 元 /（亩·年）的流转费较为合理，37% 的退耕户认为在 1000 元 /（亩·年）以下较为合理。

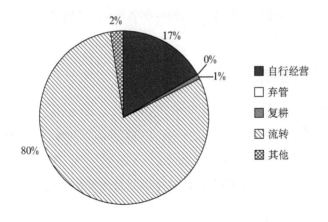

附图 1-27　延庆区退耕户希望退耕林地处置方式

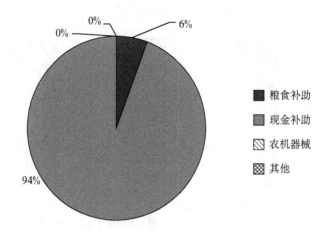

附图 1-28 延庆区退耕户希望后续补偿方式

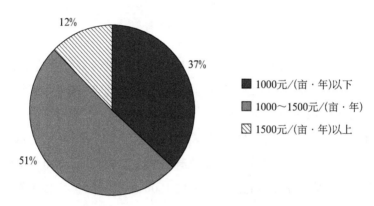

附图 1-29 延庆区退耕户建议流转费所占比例

2.6 退耕还林典型情况

（1）坡度分布

延庆区退耕还林坡度分布如附图 1-30 所示，79% 的退耕还林地位于台地上，18% 的退耕还林地坡度在 15°～20°，3% 的退耕还林地坡度在 25°～30°。可见，延庆区的退耕还林地多以台地退耕为主。

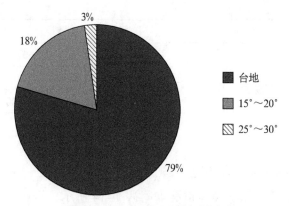

附图 1-30　延庆区退耕还林坡度

（2）低收入户情况

延庆区退耕还林低收入户情况如附表 1-13 所示，60.00% 的退耕户选择的低收入的原因是家庭老弱病残较多，26.67% 的人认为是由于没有技术能力造成低收入，还有 6.67% 的人认为是因为外出人较多。退耕还林补偿对低收入户生活水平的影响：66.67% 的退耕户认为无任何影响，13.33% 的退耕户认为有一些提高。在所有低收入退耕户中只有 6.67% 的退耕户是低保户，领取的低保金均在 1000 元以内；93.33 % 的低收入户均不是低保户。可见，延庆区退耕还林低收入户多以老弱病残为主，另外低保金的补偿较低，退耕的补偿对其生活水平的影响不大。

附表 1-13　延庆区退耕还林低收入户情况

评价内容	选项		总计 / 户	比例	补偿金额	比例
低收入户	收入低原因	外出人多	1	6.67%	—	
		老弱病残多	9	60.00%		
		没有技术能力	4	26.67%		
		其他	1	6.67%		
	补偿对生活的影响	水平提高	2	13.33%		
		无影响	10	66.67%		
		水平降低	3	20.00%		

评价内容	选项		总计 / 户	比例	补偿金额	比例
低收入户	是否是低保户	是	1	6.67%	0 ~ 1000 元	100%
					1000 ~ 2000 元	—
					2000 元以上	—
		否	14	93.33%	—	

（3）退耕还林林下种养情况

延庆区退耕还林林下种养情况如附表1-14所示，全区只有1.60%的退耕户存在林下种养的情况。林下种养的年收入也较低，退耕户林下种养年收入均在500元以下，对于目前的退耕还林补偿，退耕还林林下种养户均很不满意。

附表 1-14　延庆区退耕还林林下种养情况

评价内容	选项	频数	比例
是否有林下种养	否	123	98.40%
	是	2	1.60%
年收入	500 元以下	2	100.00%
	500 ~ 1000 元	0	—
	1000 ~ 2000 元	0	—
	2000 元以上	0	—
目前的补助是否满意	非常满意	0	—
	满意	0	—
	一般	0	—
	不太满意	0	—
	很不满意	2	100.00%

3　昌平区

3.1 总体情况

昌平区退耕地核桃和杏树的退耕户最多，比例达到了 22% 和 18%；其次是苹果、枣、板栗和桃，比例分别为 13%、11%、11% 和 10%；樱桃和梨所占比例较少，分别为 4% 和 3%，无葡萄种植；除了柿子和苹果生长状况属于中等水平以外，其余树种均达到好的水平；经营情况大部分较好，苹果和樱桃为中等水平。退耕林地经济收入较低，管护情况尚可，50% 及以上的退耕户对退耕林地进行了浇水、施肥和打药。

管理退耕地的老年人居多，81.54% 的退耕户均在 50 岁以上；受教育程度为初中及以下水平的占 81%，人均月收入在 2000 元以内的占 79%；没有果品销售渠道的退耕户占 98.46%；50.00% 的退耕户年产值均在 1 ～ 1000 元，无任何产值的退耕户比例也达到了 16.15%，1 ～ 200 元的占 23.08%。对最初退耕还林补偿满意程度的调查发现，33.85% 的退耕户很满意；64.62% 的退耕户对现在的退耕还林补偿不满意。

区级领导均同意流转，将散户改为集中经营，统一果品销售以打开销路。希望补偿标准与平原造林一致，流转费在 1000 ～ 1500 元 /（亩·年），若地上物归农户所有，流转费在 1000 元 /（亩·年）比较合适。

个别少数村户没有参与第一批退耕还林，后期种树后又不能参与山地造林补偿，希望可以将其纳入新一轮的退耕还林补偿政策，后期的补偿政策实行逐年递增的补偿方式。60% 的乡镇干部和 63% 的村干部同意流转，40% 的同意流转的乡镇干部建议流转费在 1500 ～ 2500 元 /（亩·年），48% 的村干部建议流转费在 2500 元 /（亩·年）以上；67% 的退耕户也同意流转，61% 的退耕户建议流转费在 1500 元 /（亩·年）以上；由于难以界定退耕地经营管理的等级，因此建议统一补偿。

但也存在一些村民不愿意流转退耕地，即使自己经营没有退耕地经济收益，甚至亏本，但是他们还是普遍希望退耕地自行经营，以备未来土地征用时获得更多赔偿金额。大部分乡镇均存在采摘园和承包大户，除部分村被搬迁的情况，退耕户少但占有的退耕地面积较多，希望流转费在 2500 元 /

（亩·年）。部分退耕地处于风沙区内，村民建议针对风沙区、水源区退耕地给予额外补偿。

3.2 退耕户基本情况

（1）年龄分布

昌平区退耕户年龄分布如附图1-31所示，有37.69%的退耕户均在60岁以上，50～60岁的退耕户占43.85%，40岁以下的人口只占2.31%。可见，昌平区退耕户老龄化严重，81.54%的退耕户在50岁以上。

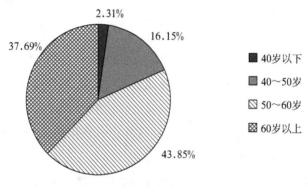

附图1-31 昌平区退耕户年龄分布

（2）退耕还林政策的了解和满意程度

附表1-15为昌平区退耕户对退耕还林政策的了解和满意程度，分别有48.50%和30.80%的退耕户对退耕还林政策很了解和比较了解，没有不了解退耕还林政策的退耕户。对最初退耕还林补偿满意程度的调查发现，33.85%的退耕户很满意，23.85%的退耕户比较满意，一般满意的占26.92%，不满意的退耕户仅占15.38%。对现在退耕还林补偿满意程度的调查发现，64.62%的退耕户均不满意，分别有9.23%和20.77%的退耕户选择了比较满意和一般，很满意的只有5.38%。可见，退耕还林政策在最初实施时，满意程度较高，而随着经济的发展，退耕还林补偿政策满意度逐渐下降，主要原因在于退耕还林补偿较低，退耕地收入较少，无法满足农民生活。

附表 1-15　昌平区退耕户对退耕还林政策的了解和满意程度

评价内容	选项	频数	比例
政策了解	很了解	63	48.46%
	比较了解	40	30.77%
	一般	27	20.77%
	不了解	0	—
最初补偿满意程度	很满意	44	33.85%
	比较满意	31	23.85%
	一般	35	26.92%
	不满意	20	15.38%
现在补偿满意程度	很满意	7	5.38%
	比较满意	12	9.23%
	一般	27	20.77%
	不满意	84	64.62%

（3）受教育程度

昌平区退耕户受教育程度如附图 1-32 所示，有 62% 的退耕户受教育程度为初中，文化程度为高中的占 16%，19% 的退耕户为小学及以下水平，只有 3% 的退耕户文化程度为大学及以上。可见，昌平区退耕户受教育程度较低。

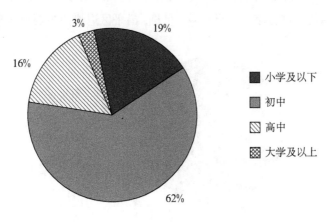

附图 1-32　昌平区退耕户受教育程度

（4）月人均收入

昌平区退耕户月人均收入如附图 1-33 所示，有 40% 的退耕户月人均收入在 1000 元以下，月人均收入在 1000～2000 元的占 39%，月人均收入在 2000～3000 元的占 16%，只有 5% 的退耕户月人均收入在 3000 元以上。可见，昌平区退耕户月人均收入较低，2000 元以下的占 79%。

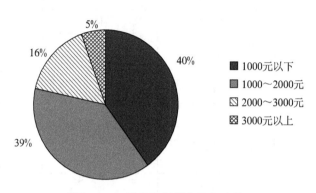

附图 1-33　昌平区退耕户月人均收入

（5）主要收入来源

昌平区退耕户主要收入来源如附图 1-34 所示，有 54% 的退耕户主要收入来源为务农，31% 的退耕户主要收入来源为政府资助（养老金、低保金），12% 的退耕户主要收入来源选择了其他来源，包括外出务工和在附近区域工作，只有 3% 的退耕户进行小本生意经营。可见，昌平区退耕户主要收入来源为务农。

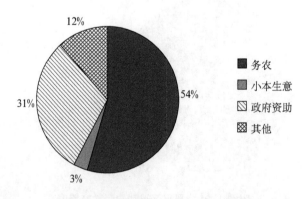

附图 1-34　昌平区退耕户主要收入来源

3.3 退耕还林林分生长状况

（1）种植树种

昌平区退耕户主要种植树种如附图 1-35 所示，种植核桃和杏树的退耕户最多，比例分别为 22% 和 18%；其次是苹果、枣、板栗和桃，比例分别为 13%、11%、11% 和 10%；樱桃和梨所占比例较少，比例分别为 4% 和 3%，无葡萄种植。

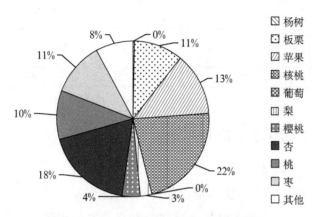

附图 1-35　昌平区退耕还林主要种植树种

（2）树种生长状况

昌平区退耕户主要种植树种的生长状况如附表 1-16 所示，从成林率来看，最高的是苹果，其成林率为 97.75%，其次是杏树，达到了 97.33%，桃树和樱桃也较高，均在 95.00% 以上，梨树的成林率最低，只有 37.00%；大部分树种均在台地上种植，林龄在 13～16 年；所有林地均达到了郁闭；从林木长势来看，除了柿子和苹果中等以外，其余树种均达到好；经营情况大部分表现为好，苹果和樱桃为中。

附表 1-16　昌平区退耕还林主要树种生长状况

树种	杏	柿子	苹果	梨	枣	核桃	板栗	桃	樱桃
品种	龙王帽	—	富士	—	马牙枣	薄皮核桃	—	香山1号	—
退耕面积/亩	13.90	2.00	8.80	2.30	4.00	22.39	11.40	15.31	2.80
成林率	97.33%	83.63%	97.75%	37.00%	80.00%	85.62%	83.50%	95.60%	96.00%

树种	杏	柿子	苹果	梨	枣	核桃	板栗	桃	樱桃
坡度	—	—	—	—	10°	35°	—	—	—
郁闭度	0.77	0.50	0.69	0.50	0.70	0.82	0.90	0.79	0.31
林龄/年	16	14	14	15	15	16	16	13	14
树高/m	3.72	2.50	4.00	2.00	2.50	7.24	6.55	3.08	5.10
胸径/cm	15.63	15.00	7.58	15.00	11.00	10.03	10.50	12.96	8.20
冠幅/m	3.40	3.50	3.70	3.80	5.30	4.03	3.72	3.74	1.50
林木长势	好	中	中	好	好	好	好	好	好
株行距/（m×m）	3×4	3×4	3×4	3×4	3×4	3×4	3×4	3×4	2×3
经营情况	好	好	中	好	好	好	好	好	中

3.4 退耕还林果品销售和管护情况

（1）退耕还林果品销售

昌平区退耕还林果品销售情况如附表 1-17 所示，没有果品销售渠道的退耕户占 98.46%，只有 1.54% 的退耕户有果品销售渠道。从退耕地的年产值来看，50.00% 的退耕地年产值均在 200～1000 元，无任何产值的退耕地占比达到了 16.15%，1～200 元的占 23.08%，年产值在 1000 元以上的退耕地占比为 33.85%。

附表 1-17　昌平区退耕还林果品销售情况

评价内容	选项	频数	比例
果品销售渠道	有	2	1.54%
	没有	128	98.46%
年产值/（元/亩）	无产值	21	16.15%
	1～200	30	23.08%
	200～500	22	16.92%
	500～1000	13	10.00%
	1000 以上	44	33.85%

（2）退耕还林管护

昌平区退耕还林管护情况如附表1-18所示，从施肥情况来看，78.46%的退耕户施肥，21.54%的退耕户不施肥，施肥多以复合肥和农家肥为主，肥料每亩每年花费金额多在500元以下（81.37%）；打药和不打药的退耕户分别占80.00%和20.00%，每亩每年打药的花费也多在500元以下，占96.15%；对退耕地浇水和不浇水的退耕户均占50.00%；39.23%的退耕户不使用农机具，60.77%的退耕户使用，使用农机具的费用大部分为每亩每年500元以下（89.28%）；对于退耕地每年的管护时间，3个月以下的占21.54%，3～6个月的占37.69%，6个月以上的占40.77%。

附表1-18 昌平区退耕还林管护情况

评价内容	选项	频数	比例	评价内容		频数	比例
是否施肥	是	102	78.46%	复合肥		50	49.02%
				农家肥		51	50.00%
				其他		1	0.98%
				每亩每年花费	0～500元	83	81.37%
					500～1000元	19	18.63%
					1000元以上	0	—
	否	28	21.54%	—			
是否打药	是	104	80.00%	每亩每年花费	0～500元	100	96.15%
					500～1000元	3	2.88%
					1000元以上	1	0.96%
	否	26	20.00%	—			
是否浇水	是	65	50.00%	每亩每年花费	0～500元	65	100.00%
					500～1000元	0	—
					1000元以上	0	—
	否	65	50.00%	—			

是否使用农机具	使用	79	60.77%	每亩每年农机具油钱	0～500元	50	89.29%
					500～1000元	3	5.36%
					1000元以上	3	5.36%
	—	—	—	雇人使用花费	0～500元	17	73.90%
					500～1000元	2	8.70%
					1000元以上	4	17.40%
	未使用	51	39.23%	—			
每年管护时间	3个月以下	28	21.54%	—			
	3～6个月	49	37.69%				
	6个月以上	53	40.77%				

3.5 退耕还林意愿和补偿金额

（1）区意愿和补偿金额

昌平区主管退耕还林工作的领导和区林业站站长均同意在退耕户自愿的前提下全区退耕地进行流转，由集体来经营管理；期望每亩地流转费为1000～1500元/（亩·年）；对于经营效益一般和没有经营效益、不同生长状况和不同立地条件的统一补偿标准。

（2）乡镇意愿和补偿金额

昌平区退耕还林到期后，乡镇干部的后续意愿和流转费建议如附图1-36至附图1-38所示，退耕还林到期后为了保证退耕还林的成果和效益，60%的乡镇干部均同意流转，由集体经营管理；40%的乡镇干部选择了自行经营。

在金额补偿方面，40%的乡镇干部均认为1500～2500元/（亩·年）的补偿较为合理，40%的乡镇干部认为金额在1000～1500元/（亩·年）较为合理。对于不同生长状况、经营情况和不同立地条件下的退耕还林地，50%及以上的乡镇干部选择统一补偿标准。

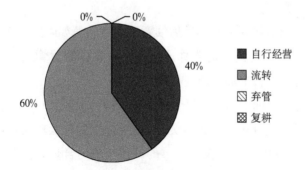

附图 1-36　昌平区乡镇干部退耕意愿所占比例

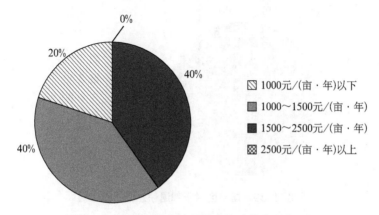

附图 1-37　昌平区乡镇干部建议流转费所占比例

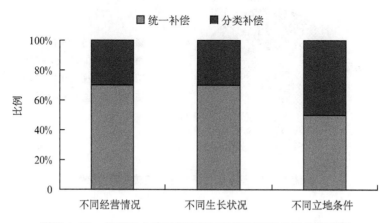

附图 1-38　昌平区乡镇干部建议不同情况退耕林地补偿意愿

（3）村干部意愿

昌平区村干部退耕还林到期后后续意愿和流转费如附图 1–39 至附图 1–41 所示，63% 的村干部均选择退耕林地流转，由集体经营管理；37% 的村干部选择了自行经营，无村干部选择复耕和弃管。

在流转费建议方面，48% 的村干部认为 2500 元 /（亩·年）以上比较合理，37% 的村干部均认为 1500 ～ 2500 元 /（亩·年）的补偿较为合理，11% 的村干部认为 1000 ～ 1500 元 /（亩·年）的补偿金较为合理。村干部认为不同情况下对退耕还林进行统一补偿的占优势。

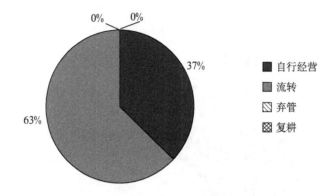

附图 1–39　昌平区村干部退耕意愿所占比例

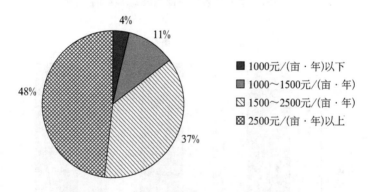

附图 1–40　昌平区村干部建议流转费所占比例

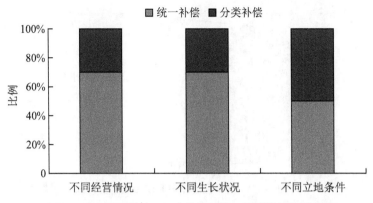

附图 1-41　昌平区村干部建议不同情况退耕林地补偿意愿

（4）退耕户意愿和补偿金额

退耕还林到期后，昌平区退耕户后续意愿和流转费如附图 1-42 至附图 1-44 所示，67% 的退耕户选择流转，由集体经营管理。在后续补偿方式方面，100% 的退耕户选择了现金补助。对于补偿的资金，61% 的退耕户认为流转费应大于 1500 元 /（亩·年）。

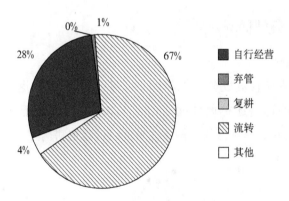

附图 1-42　昌平区退耕户希望退耕林地处置方式

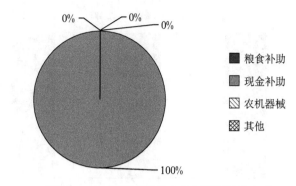

附图 1-43　昌平区退耕户希望后续补偿方式

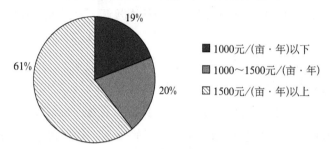

附图 1-44　昌平区退耕户建议流转费所占比例

3.6 退耕还林典型情况

（1）坡度分布

昌平区退耕还林坡度分布如附图 1-45 所示，51% 的退耕还林地均位于台地上，31% 的退耕还林地坡度在 15°～20°，18% 的退耕还林地坡度在 25°～30°。可见，昌平区的退耕还林地多以台地退耕为主。

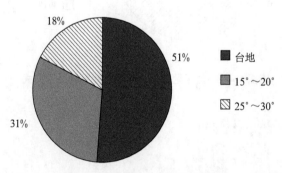

附图 1-45　昌平区退耕还林坡度

（2）低收入户情况

如附表 1-19 所示，46.2% 的昌平区退耕户认为导致低收入的原因是老弱病残较多，46.2% 的退耕户认为是由于没有技术能力，也有 5.1% 的人认为是因为外出人较多所造成；分析退耕还林补偿对低收入户生活水平的影响状况发现，74.4% 的退耕户认为无任何影响，23.0% 的退耕户认为能提高一些生活水平，2.6% 的退耕户认为会使生活水平降低；23.0% 的低收入退耕户是低保户，领取的低保金在 1000 元以内，76.9% 的低收入户均不是低保户。可见，造成昌平区退耕还林退耕户收入低下的原因是由于退耕地管理人员多以老弱病残为主，另外低保金的覆盖率较低。

附表 1-19　昌平区退耕还林低收入户情况

评价内容	选项	频数	比例	补偿金额	比例
收入低原因	外出人多	2	5.1%	—	
	老弱病残多	18	46.2%		
	没有技术能力	18	46.2%		
	其他	1	2.6%		
补偿对生活的影响	水平提高	9	23.1%		
	无影响	29	74.4%		
	水平降低	1	2.6%		
是否是低保户	是	9	23.1%	0～1000 元	100%
				1000～2000 元	—
				2000 元以上	—
	否	30	76.9%	—	

（3）退耕还林承包情况

昌平区退耕还林承包情况如附表 1-20 所示，承包土地剩余年限均在 10 年以上，均有合同；100.00% 的农户承包其他农户土地；每年租金每亩位于 800 元以上的占 100.00%。所有承包户之间均不存在利益纠纷。

附表1-20 昌平区退耕还林承包情况

评价内容	选项	频数	比例	数量		
土地剩余年限	0～5年	0	—	—		
	5～10年	0	—			
	10年以上	2	100.00%			
是否承包其他农户土地	否	0	—	—		
	是	1	100.00%	承包户数	0～5户	—
					5～10户	1
					10户以上	—
				耕地面积	30～100亩	—
					100～500亩	1
					500亩以上	—
合约形式	口头承诺	0	—	—		
	合同	2	100.00%			
	第三方证明	0	—			
	其他	0	—			
每亩每年租金	400元以下	0	—	—		
	400～500元	0	—			
	500～600元	0	—			
	600～800元	0	—			
	800元以上	2	100.00%			

（4）退耕还林采摘园情况

昌平区退耕还林采摘园情况如附表1-21所示，采摘园的规模大部分较小，66.7%的采摘园管理人员均在5人以下，66.7%的采摘园的面积在50亩以下；有33.3%的采摘园面积在50～100亩。采摘的价格也较低，全部的价格都小于20元/公斤；采摘年收入在1万元/（亩·年）以下的占66.7%，5万～20万元/（亩·年）的占33.3%。采摘园所处地理位置均在农村；只有33.3%的采摘园引进了高科技。总体来看，采摘园经营者对目前的收入表示一般，对目前的补助不太满意，希望后续补偿方式多样化。

附表 1-21　昌平区退耕还林采摘园情况

评价内容	选项	频数	比例	评价内容	选项	频数	比例
经营规模	5 人以下	2	66.7%	地理位置	区中心	0	——
	5～10 人	1	33.3%		乡镇	0	——
	10～15 人	0	——		农村	3	100.0%
	15 人以上	0	——	是否对高科技引进	是	1	33.3%
					否	2	66.7%
果园面积	50 亩以下	2	66.7%	目前的收入是否满意	非常满意	0	——
	50～100 亩	1	33.3%		满意	0	——
	100～300 亩	0	——		一般	2	66.7%
	300～500 亩	0	——		不太满意	0	——
	500 亩以上	0	——		很不满意	1	33.3%
采摘价位	小于 20 元/公斤	3	100.0%	希望补偿方式	农机类补助	2	25.0%
	20～50 元/公斤	0	——		资金补偿	2	25.0%
	50～100 元/公斤	0	——		提供工作	2	25.0%
					技术支持	2	25.0%
	大于 100 元/公斤	0	——		其他方式	0	——
每天采摘人数	小于 20 人/天	2	66.7%	目前的补助是否满意	非常满意	0	——
	20～50 人/天	0	——		满意	0	——
	50～70 人/天	0	——		一般	0	——
	70～100 人/天	1	33.3%		不太满意	3	100.0%
	大于 100 人/天	0	——		很不满意	0	——
每亩采摘年收入	1 万元以下	2	66.7%		——		
	1 万～3 万元	0	——				
	3 万～5 万元	0	——				
	5 万～20 万元	1	33.3%				

（5）退耕还林水源区情况

昌平区退耕还林水源区情况如附图 1-46 所示，全区只有 19.2% 的退耕户的退耕地位于水源区；其中 60% 的退耕户希望针对水源区的额外流转费在

1000元/（亩·年）以下，有32%的退耕户希望针对水源区的额外流转费在2000元/（亩·年）以上合理，只有8%的退耕户认为1000～2000元/（亩·年）合理。

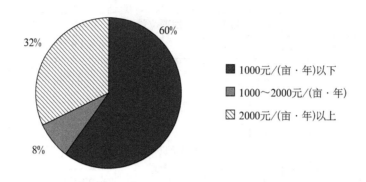

附图1-46　昌平区退耕还林水源区退耕户建议额外流转费所占比例

（6）退耕还林风沙区情况

昌平区退耕还林水源区情况如附图1-47所示，全区只有19.2%的退耕户的退耕地位于风沙区；其中80%的退耕户认为针对风沙区应给予额外补助。

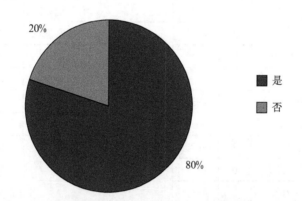

附图1-47　昌平区退耕还林风沙区退耕户建议额外补助所占比例

4　平谷区

4.1 总体情况

平谷区退耕种植板栗和核桃的退耕户最多，比例分别占28%和24%；其次是杨树和桃树，比例为13%和12%；杏树和枣树各占比均不足8%；成林率均达到了81%以上，林龄在13～17年，所有林地均达到了郁闭，枣树和杨树长势为中等水平，其他树种均长势良好；典型调研样地中退耕林地42%分布于台地，58%的退耕地分布于坡度15°～30°地区；管护情况较好，80.80%的退耕户施肥，打药的退耕户占87.20%，浇水的退耕户占53.60%。

平谷区老年人居多，88%的退耕户均在50岁以上；73%的退耕户受教育程度为初中及以下；人均月收入在2000元以内的比例达到了83%；没有果品销售渠道的退耕户占98.40%；从退耕地的年产值来看，48.80%的退耕户年产值均在1000元以下，无任何产值的退耕户比例也达到了22.40%，年产值在1000元以上的退耕户仅占28.80%。

区级领导均同意退耕还林地流转，流转金额为1300元/（亩·年）；82%的乡镇干部均同意流转的方式，64%的同意流转的乡镇干部均认为1000～1500元/（亩·年）的流转费较为合理，选择1500～2500元/（亩·年）和1000元/（亩·年）以下流转费的乡镇干部各占18%。对于不同经营状况，82%的乡镇干部选择了分类补偿，只有18%的乡镇干部选择了统一补偿；对于不同生长状况和不同立地条件，大部分乡镇干部选择了统一补偿，分别占64%和55%。59%的村干部均选择退耕林地流转，41%的村干部选择了自行经营，31%的村干部均认为1000～1500元的流转费较为合理，31%的村干部认为流转费在1000元/（亩·年）以下较为合理；对于不同经营状况、不同生长状况和不同立地条件下的退耕还林，村干部大部分认为统一补偿较好。

平谷区退耕种植的板栗、柿子树存在大量冻死情况；部分树种不适宜当地气候，死亡率较高，建议更换；有些退耕户种植的杨树投入太多，收益不佳，建议进行更新改造。从2002年至今，由于不允许对退耕杨树进行间伐，杨树老龄化严重；针对退耕种植的果树经营管理较好的可以由退耕户自己经营，特别是一些采摘园，针对退耕管护水平不好的建议流转，补偿标准应该统一。

4.2 退耕户基本情况

（1）年龄分布

平谷区退耕户年龄结构分布如附图1–48所示，有46%的退耕户年龄在50～60岁；60岁以上的退耕户占42%，40岁以下的退耕户只占1%，88%的退耕户均在50岁以上。可见，平谷区退耕户老龄化现象严重。

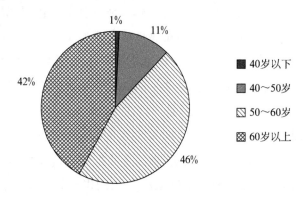

附图1–48　平谷区退耕户年龄分布

（2）退耕还林政策的了解和满意程度

附表1–22为平谷区退耕户对退耕还林政策的了解和满意程度，分别有50.40%和44.00%的退耕户对退耕还林政策很了解和比较了解，只有1.60%的退耕户不了解退耕还林政策。对最初退耕还林补偿满意程度调查中发现，48.00%的退耕户很满意,36.80%的退耕户比较满意,满意程度一般的占7.20%;选择不满意的退耕户占8.00%。对现在退耕还林补偿满意程度调查中发现,57.60%的退耕户均不满意,20.80%和16.00%的退耕户选择了比较满意和一般,很满意的只有5.60%。可见，退耕还林政策在最初实施时，满意程度较高，而随着经济的发展，退耕还林补偿政策满意度逐渐下降，主要原因在于退耕还林享受的补偿较低，退耕地收入较少，无法满足农民生活。

附表 1-22　平谷区退耕户对退耕还林政策的了解和满意程度

评价内容	选项	频数	比例
政策了解	很了解	63	50.40%
	比较了解	55	44.00%
	一般	5	4.00%
	不了解	2	1.60%
最初补偿满意程度	很满意	60	48.00%
	比较满意	46	36.80%
	一般	9	7.20%
	不满意	10	8.00%
现在补偿满意程度	很满意	7	5.60%
	比较满意	26	20.80%
	一般	20	16.00%
	不满意	72	57.60%

（3）受教育程度

平谷区退耕户受教育程度如附图 1-49 所示，有 57% 的退耕户受教育程度为初中，文化程度为高中的退耕户占 26%，16% 的退耕户文化程度为小学及以下水平，只有 1% 的退耕户学历为大学及以上。可见，平谷区退耕户受教育程度较低。

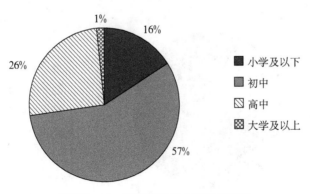

附图 1-49　平谷区退耕户受教育程度

（4）月人均收入

平谷区退耕户月人均收入如附图 1-50 所示，有 44% 的退耕户月人均收入在 1000 ~ 2000 元，月人均收入在 1000 元以下的占 39%，15% 的退耕户月人均收入在 2000 ~ 3000 元，只有 2% 的退耕户月人均收入在 3000 元以上。可见，平谷区退耕户月人均收入较低，2000 元以下的占 83%。

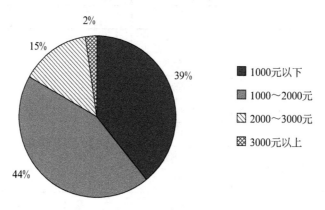

附图 1-50　平谷区退耕户月人均收入

（5）主要收入来源

平谷区退耕户主要收入来源如附图 1-51 所示，有 64% 的退耕户主要收入来源为务农，24% 的退耕户主要收入来源为政府资助（养老金、低保金），6% 的退耕户主要收入来源选择了其他，包括外出务工和在附近区域工作，有 6% 的退耕户进行小本生意经营。可见，平谷区退耕户主要收入来源为务农。

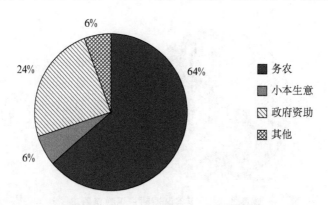

附图 1-51　平谷区退耕户主要收入来源

4.3 退耕还林林分生长状况

（1）种植树种

平谷区退耕户主要种植树种如附图 1-52 所示，种植板栗和核桃的退耕户最多，比例分别为 28% 和 24%；其次是杨树和桃树，比例分别为 13% 和 12%；杏树和枣树各占比均不足 8%；其他树种如柿子、李子等共占 2%；无葡萄和樱桃种植。

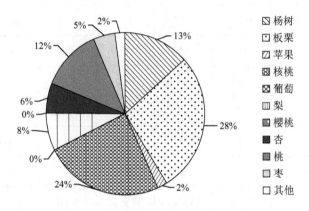

附图 1-52 平谷区退耕还林主要种植树种

（2）树种生长状况

平谷区退耕户主要种植树种的生长状况如附表 1-23 所示，成林率均达到了 81% 以上，最高的是核桃，成林率为 94.60%，板栗、柿子、桃、枣树、杨树均在 80% 以上；大部分树种在台地上种植，个别位于坡地。林龄在 13 ～ 17 年；所有林地均达到了郁闭；从林木长势来看，除了枣树和杨树长势为中等水平，其他树种均长势良好；大部分退耕林地的经营情况良好，只有柿子和杨树经营水平为中等。

附表 1-23　平谷区退耕还林主要树种生长状况

树种	板栗	核桃	柿子	桃	枣	杨树
品种	—	薄皮核桃	—	水蜜桃	—	速生杨
退耕面积 / 亩	25.10	14.20	6.00	12.60	6.00	12.80
成林率	81.08%	94.60%	87.50%	88.00%	81.00%	84.00%
坡度	8°	40°	10°	0°	0°	0°
郁闭度	0.72	0.77	0.74	0.81	0.67	0.80
林龄 / 年	16	15	17	14	14	15
树高 /m	5.14	7.30	6.90	5.18	7.00	14.80
胸径 /cm	10.77	17.42	7.25	14.58	12.00	20.80
冠幅 /m	3.73	3.82	2.95	4.38	5.00	2.44
林木长势	好	好	好	好	中	中
株行距 /（m×m）	3×4	3×4	3×4	3×4	3×4	2×4
经营情况	好	好	中	好	好	中

4.4 退耕还林果品销售和管护情况

（1）退耕还林果品销售

平谷区退耕还林果品销售情况如附表 1-24 所示，没有果品销售渠道的退耕户占 98.40%，只有 1.60% 的退耕户有果品销售渠道。从退耕地的年产值来看，48.80% 的退耕地年产值均在 1000 元以下，无任何产值的退耕地比例也达到了 22.40%，年产值在 1000 元以上的退耕地仅占 28.80%。

附表 1-24　平谷区退耕还林果品销售情况

基本情况	选项	总计 / 户	比例
果品销售渠道	有	2	1.60%
	没有	123	98.40%
年产值 /（元 / 亩）	无产值	28	22.40%
	1 ～ 200	25	20.00%
	200 ～ 500	20	16.00%
	500 ～ 1000	16	12.80%
	1000 以上	36	28.80%

（2）退耕还林管护

平谷区退耕还林管护情况如附表 1-25 所示，从施肥情况来看，80.80% 的退耕户施肥，19.20% 的退耕户不施肥，施肥多选择复合肥和农家肥，每亩施肥花费金额多在 500 元以下（81.19%）；打药和不打药的退耕户分别占 87.20% 和 12.80%，每亩打药的花费也多在 500 元以下（87.16%）；在退耕地浇水方面，浇水和不浇水的退耕户分别占 53.60% 和 46.40%，不浇水的原因一是无水利设施，二是部分退耕地均在坡地上，无法浇水；在使用农机具方面，69.60% 的退耕户使用农机具，30.40% 的退耕户不使用，使用农机具的费用在每亩 500 元以下的占 96.25%。对于退耕地每年的管护时间，退耕户的管护时间在 3 个月以下的占 73.60%；3 ～ 6 个月的占 12.80%；6 个月以上的占 13.60%。

附表 1-25　平谷区退耕还林管护情况

评价内容	选项	频数	比例	评价内容		频数	比例
是否施肥	是	101	80.80%	复合肥		63	53.39%
				农家肥		55	46.61%
				其他		0	—
				每亩每年花费	0～500 元	82	81.19%
					500～1000 元	15	14.85%
					1000 元以上	4	3.96%
	否	24	19.20%		—		
是否打药	是	109	87.20%	每亩每年花费	0～500 元	95	87.16%
					500～1000 元	11	10.09%
					1000 元以上	3	2.75%
	否	16	12.80%		—		
是否浇水	是	67	53.60%	每亩每年花费	0～500 元	65	97.01%
					500～1000 元	2	2.99%
					1000 元以上	0	—
	否	58	46.40%		—		
是否使用农机具	使用	87	69.60%	每亩每年农机具油钱	0～500 元	77	96.25%
					500～1000 元	2	2.50%
					1000 元以上	1	1.25%
				雇人使用花费	0～500 元	11	68.75%
					500～1000 元	4	25.00%
					1000 元以上	1	6.25%
	未使用	38	30.40%		—		
每年管护时间	3 个月以下	92	73.60%		—		
	3～6 个月	16	12.80%				
	6 个月以上	17	13.60%				

4.5 退耕还林意愿和补偿金额

（1）区意愿和补偿金额

平谷区主管退耕还林工作的领导和区林业站站长均同意在退耕户自愿的前

提下全区退耕地进行流转，由集体来经营管理；期望每亩地流转费为 1300 元 /（亩·年）且逐年递增；对于经营效益好的退耕户，可自己选择是否流转；对于经营效益一般和没有经营效益、不同生长状况和不同立地条件的均认为应该统一补偿标准。

（2）乡镇意愿和补偿金额

平谷区退耕还林到期后后续意愿和流转费如附图 1-53 至附图 1-55 所示，退耕还林到期后为了保证退耕还林的成果和效益，82% 的乡镇干部均同意流转的方式，由集体经营管理；9% 的乡镇干部选择了自行经营，9% 的乡镇干部选择了弃管，无乡镇干部选择复耕。

在流转费方面，64% 的乡镇干部均认为 1000 ～ 1500 元 /（亩·年）的流转费较为合理，选择 1500 ～ 2500 元 /（亩·年）和 1000 元 /（亩·年）以下的乡镇干部各占 18%。

对于不同经营状况，82% 的乡镇干部选择了分类补偿，只有 18% 选择了统一补偿；对于不同生长状况和不同立地条件，大部分乡镇干部选择了统一补偿，分别占 64% 和 55%，而选择分类补偿的乡镇干部分别占 36% 和 45%。

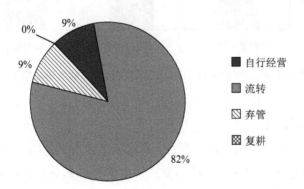

附图 1-53　平谷区乡镇干部退耕意愿所占比例

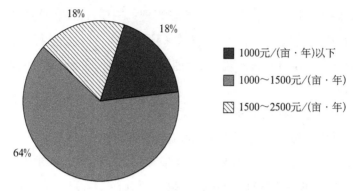

附图1-54 平谷区乡镇干部建议流转费所占比例

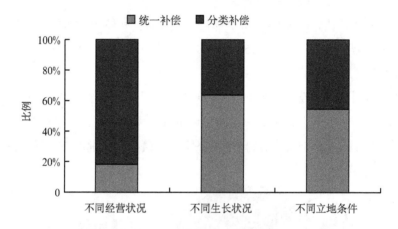

附图1-55 平谷区乡镇干部建议不同情况退耕林地补偿意愿

（3）村干部意愿

平谷区退耕还林到期后村干部后续意愿和流转费如附图1-56至附图1-58所示，59%的村干部均选择流转的方式，由集体经营管理；41%的村干部选择了自行经营，无村干部选择弃管或复耕。

在流转费方面，31%的村干部均认为1000～1500元/（亩·年）的流转费较为合理，31%的村干部认为金额在1000元/（亩·年）以下较为合理，28%的村干部认为1500～2500元/（亩·年）的流转费较为合理，10%的村干部选择了大于2500元/（亩·年）的流转费。

针对不同经营状况，59%的村干部选择统一补偿，41%的村干部选择分类补偿；针对不同生长状况，48%的村干部选择统一补偿，52%的村干部选择分类补偿；针对不同立地条件，55%的村干部选择统一补偿，45%的村干部选择分类补偿。

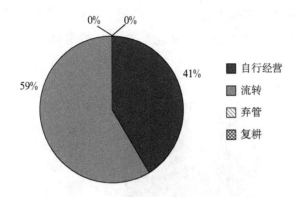

附图1-56 平谷区村干部退耕意愿所占比例

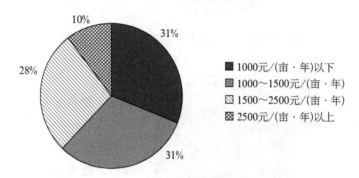

附图1-57 平谷区村干部建议流转费所占比例

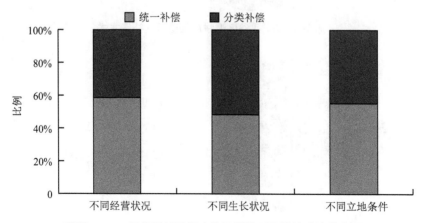

附图1-58 平谷区村干部建议不同情况退耕林地补偿意愿

（4）退耕户意愿和补偿金额

平谷区退耕还林到期后，退耕户后续意愿和流转费如附图1-59至附图1-61所示，61%的退耕户选择了流转，由集体经营管理；33%的退耕户选择自行经营的方式；4%的退耕户选择了其他方式；1%的退耕户选择了弃管；1%的退耕户选择了复耕。

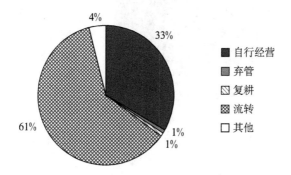

附图1-59　平谷区退耕户希望退耕林地处置方式

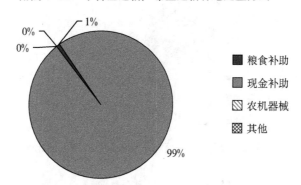

附图1-60　平谷区退耕户希望后续补偿方式

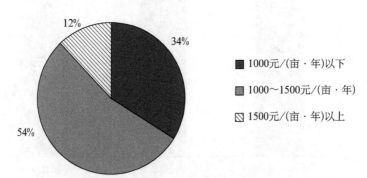

附图1-61　平谷区退耕户建议流转费所占比例

在后续补偿方式方面，99% 的退耕户选择了现金补助，只有 1% 的退耕户选择了粮食补助。

对于流转费，54% 的退耕户认为 1000 ～ 1500 元 /（亩·年）的流转费较为合理，34% 的退耕户认为在 1000 元 /（亩·年）以下较为合理，12% 的退耕户认为大于 1500 元 /（亩·年）的流转费较为合理。

4.6 退耕还林典型情况

（1）坡度分布

平谷区退耕还林坡度分布如附图 1-62 所示，44% 的退耕还林地坡度在 15°～ 20°，14% 的退耕还林地坡度在 25°～ 30°，42% 的退耕还林地位于台地。可见，平谷区的退耕还林地多以山地退耕为主。

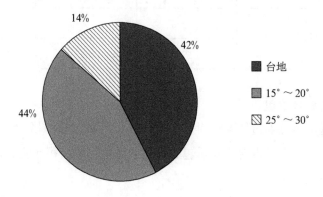

附图 1-62　平谷区退耕还林坡度

（2）低收入户情况

平谷区退耕还林低收入户情况如附表 1-26 所示，93.75% 的退耕户认为导致低收入的原因是家庭老弱病残较多，6.25% 的退耕户认为是没有技术能力造成收入低下；退耕还林补偿对低收入户生活水平的影响：60.00% 的退耕户认为对基本生活无任何影响，40.00% 的退耕户认为生活水平有一定程度的提高；在所有低收入退耕户中只有 28.00% 是低保户，72.00% 的低收入户不是低保户。

附表 1-26 平谷区退耕还林低收入户情况

评价内容	选项	频数	比例
收入低原因	外出人多	0	—
	老弱病残多	30	93.75%
	没有技术能力	2	6.25%
	其他	0	—
补偿对生活的影响	水平提高	10	40.00%
	无影响	15	60.00%
	水平降低	0	—
是否是低保户	是	7	28.00%
	否	18	72.00%

（3）退耕还林承包情况

平谷区退耕还林承包情况如附表 1-27 所示，承包土地剩余年限均在 10 年以上，均有合同存在；退耕户均承包的村委会土地，每亩每年租金在 400 元以下，不存在利益纠纷。

附表 1-27 平谷区退耕还林承包情况

评价内容	选项	频数	备注
土地剩余年限	0～5 年	0	—
	5～10 年	0	
	10 年以上	1	
是否承包其他农户土地	否	1	承包村委会的地
	是	0	—

合约形式	口头承诺	0	
	合同	1	
	第三方证明	0	
	其他	0	
每亩每年租金	400 元以下	1	—
	400 ～ 500 元	0	
	500 ～ 600 元	0	
	600 ～ 800 元	0	
	800 元以上	0	
是否有利益纠纷	无	1	
	有	0	

5　房山区

5.1 总体情况

房山区主要的退耕种植树种是柿子和核桃，生长状况大多较差。管护退耕地的老年人居多，82% 的退耕户均在 50 岁以上；74% 的退耕户受教育程度为初中及以下，人均月收入为 1000 元 /（亩·年）以内的占 43%。由于没有销路，果实无人采摘，没有产值的退耕林占 42.06%；退耕林管护情况较差，部分退耕林地几乎无人管护，不浇水、不施肥和不打药的情况均超过了 50%。

退耕还林到期后，对于愿意流转的在资金补偿方面参考平原造林政策，区级领导认为给予 1500 元 /（亩·年）的流转费较为合理，且均同意流转；地上物和土地同时流转，地上物不额外补偿，遵循自愿原则，不愿流转的农户可以继续自己管理。90% 的乡镇干部同意流转的方式，由集体经营管理，70% 的乡镇干部均认为 1500 ～ 2500 元 /（亩·年）的流转费较为合理；90% 的村干部选择流转的方式，48% 的村干部认为 1000 ～ 1500 元 /（亩·年）的流转费较为合理，36% 的村干部认为 1500 ～ 2500 元 /（亩·年）的流转费较为合理，对于不同经营状况、不同生长状况和不同立地条件下的退耕还林，大部分村干部认为统一补偿较合理，方便村内协调管理。

同意流转的退耕户获得流转费，退耕地管护时可雇佣本村的农户，同时发放一定数额的管护费；存在大量的退耕地被划为基本农田的情况；为了维持稳定，村集体会筹集一部分资金给予没有退耕还林地的农户一定数额的补偿。

5.2 退耕户基本情况

（1）年龄分布

房山区退耕户年龄分布如附图 1-63 所示，60 岁以上的退耕户占 37%，50 ～ 60 岁的退耕户占 45%，40 岁以下的退耕户只占 2%。可见，房山区退耕户老龄化严重，82% 的退耕户年龄均在 50 岁以上。

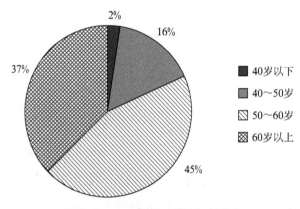

附图 1-63　房山区退耕户年龄分布

（2）退耕还林政策的了解和满意程度

附表 1-28 为房山区退耕户对退耕还林政策的了解和满意程度，其中分别有 30.16% 和 52.38% 的退耕户对退耕还林政策很了解和比较了解。对最初退耕还林补偿满意程度的调查发现，42.06% 的退耕户比较满意，满意程度一般的占 16.67%；不满意的退耕户仅占 4.76%。对现在的退耕还林补偿满意程度的调查发现，38.89% 的退耕户不满意，分别有 22.22% 和 26.19% 的退耕户选择了比较满意和一般，很满意的只有 12.70%。可见，退耕还林政策在最初实施时，满意程度较高，随着经济的发展，退耕还林补偿政策满意度逐渐下降，主要原因在于退耕还林享受的补偿较低，退耕地收入较少，无法满足农民生活。

附表 1-28　房山区退耕户对退耕还林政策的了解和满意程度

评价内容	选项	频数	比例
是否了解退耕还林政策	很了解	38	30.16%
	比较了解	66	52.38%
	一般	21	16.67%
	不了解	1	0.79%
最初补偿满意程度	很满意	46	36.51%
	比较满意	53	42.06%
	一般	21	16.67%
	不满意	6	4.76%
现在补偿满意程度	很满意	16	12.70%
	比较满意	28	22.22%
	一般	33	26.19%
	不满意	49	38.89%

（3）受教育程度

房山区退耕户受教育程度如附图 1-64 所示，有 58% 的退耕户文化程度为初中，高中占 23%，16% 的退耕户文化程度为小学及以下水平，只有 3% 的退耕户文化程度在大学及以上。可见，房山区退耕户受教育程度较低。

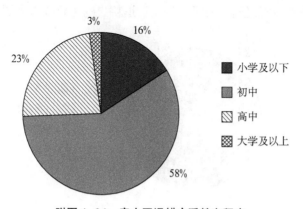

附图 1-64　房山区退耕户受教育程度

（4）月人均收入

房山区退耕户月人均收入如附图 1-65 所示，有 43% 的退耕户月人均收入在 1000 元以下，月人均收入在 1000～2000 元的占 42%，14% 的退耕户月人均收入在 2000～3000 元，只有 1% 的退耕户月人均收入在 3000 元以上。可见，房山区退耕户月人均收入较低，2000 元以下的占 85%。

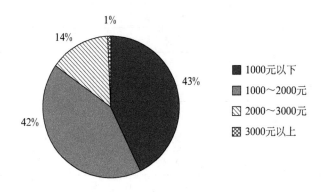

附图 1-65　房山区退耕户月人均收入

（5）主要收入来源

房山区退耕户主要收入来源如附图 1-66 所示，56% 的退耕户主要收入来源为务农，25% 的退耕户主要收入来源为政府资助（养老金、低保金），18% 的退耕户主要收入来源为其他，包括外出务工和在附近区域工作，只有 1% 的退耕户进行小本生意经营。可见，房山区退耕户的主要收入来源为务农。

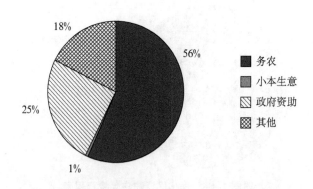

附图 1-66　房山区退耕户主要收入来源

5.3 退耕还林林分生长状况

（1）种植树种

房山区退耕户主要种植树种如附图 1–67 所示，种植核桃的退耕户最多，比例达到了 39%；其次是杏，比例为 13%；桃和枣分别占 10% 和 6%；樱桃和板栗的比例均为 3%；梨仅占 2%。

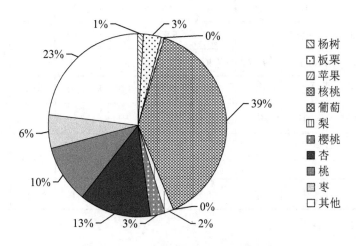

附图 1–67　房山区退耕还林主要种植树种

（2）树种生长状况

房山区退耕户主要种植树种的生长状况如附表 1–29 所示，从成林率来看，除樱桃以外其他树种均达到了 62.00% 以上，最高的是火炬树，其成林率为 92%，其次是核桃（85.00%），柿子、李子均达到 80.00%；林龄在 3 ～ 16 年；所有林地均达到了郁闭；从林木长势来看，各树种均长势中等及以上；经营情况大部分表现为中等，只有樱桃和柿子经营情况为差。

附表 1–29　房山区退耕还林主要树种生长状况

树种	枣	柿子	杏	樱桃	李子	火炬树	花椒	核桃
品种	—	—	—	—	—	—	—	薄皮核桃
退耕面积 / 亩	3.00	12.50	2.43	1.00	1.40	1.20	0.65	29.45

树种	枣	柿子	杏	樱桃	李子	火炬树	花椒	核桃
成林率	74.33%	80.71%	78.00%	20.00%	80.00%	92.00%	62.00%	85.00%
坡度	—	16°	20°	—	—	20°	—	15°
郁闭度	0.59	0.66	0.84	0.25	0.70	0.78	0.26	0.64
林龄 / 年	16	16	16	16	3	11	14	16
树高 /m	3.80	6.47	3.90	5.00	5.00	6.50	3.80	5.67
胸径 /cm	6.30	9.37	7.40	30.00	13.00	6.20	4.90	12.49
冠幅 /m	2.30	2.74	3.60	4.00	3.00	3.20	3.70	5.05
林木长势	中	中	中	中	中	好	好	中
株行距 / （m×m）	3×4	3×4	3×4	3×2	3×2	2×2	3×4	3×4
经营情况	中	差	中	差	中	中	好	中

5.4 退耕还林果品销售和管护情况

（1）退耕还林果品销售

房山区退耕还林果品销售情况如附表 1–30 所示，没有果品销售渠道的退耕户占 99.21%，只有 0.79% 的退耕户有果品销售渠道。从退耕地的年产值来看，50.00% 的退耕地年产值均在 1 ～ 1000 元，无任何产值的退耕地比例也达到了较高的 42.06%，年产值在 1000 元以上的退耕地占比为 7.94%。

附表 1–30　房山区退耕还林果品销售情况

评价内容	选项	频数	比例
果品销售渠道	有	1	0.79%
	没有	125	99.21%

年产值 /（元/亩）	无产值	53	42.06%
	1～200	20	15.87%
	200～500	30	23.81%
	500～1000	13	10.32%
	1000 以上	10	7.94%

（2）退耕还林管护

房山区退耕还林管护情况如附表 1-31 所示，从退耕地施肥情况来看，46.03% 的退耕户施肥，施肥多以复合肥和农家肥为主，施肥每亩每年花费金额多在 500 元以下（96.55%），53.97% 的退耕户不施肥；退耕地打药和不打药的退耕户分别占 45.24% 和 54.76%，每亩打药的花费每年也多在 500 元以下，占比为 94.74%；在退耕地浇水方面，浇水和不浇水的退耕户分别占 9.52% 和 90.48%，不浇水的原因一是无水利设施，二是大部分退耕地均在坡地上，无法浇水；在使用农机具方面，77.78% 的退耕户不使用农机具，22.22% 的退耕户使用，使用农机具的费用在每亩每年 500 元以下的占 100.00%；对于退耕地每年的管护时间，退耕户的管护时间在 3 个月以下的达 79.37%。

附表 1-31　房山区退耕还林管护情况

评价内容	选项	频数	比例	评价内容		频数	比例
是否施肥	是	58	46.03%	复合肥		21	36.21%
				农家肥		36	62.07%
				其他		1	1.72%
				每亩每年花费	0～500 元	56	96.55%
					500～1000 元	2	3.45%
					1000 元以上	0	—
	否	68	53.97%	—			

171

评价内容	选项	频数	比例	评价内容		频数	比例
是否打药	是	57	45.24%	每亩每年花费	0～500元	54	94.74%
					500～1000元	3	5.26%
					1000元以上	0	—
	否	69	54.76%	—			
是否浇水	是	12	9.52%	每亩每年花费	0～500元	12	100.00%
					500～1000元	0	—
					1000元以上	0	—
	否	114	90.48%	—			
是否使用农机具	使用	28	22.22%	每亩每年农机具油钱	0～500元	19	100.00%
					500～1000元	0	—
					1000元以上	0	—
				雇人使用花费	0～500元	9	100.00%
					500～1000元	0	—
					1000元以上	0	—
	未使用	98	77.78%	—			
每年管护时间	3个月以下	100	79.37%	—			
	3～6个月	10	7.94%				
	6个月以上	16	12.70%				

5.5 退耕还林意愿和补偿金额

（1）区意愿和补偿金额

房山区主管退耕还林工作的领导和区林业站站长均同意在退耕户自愿的前提下全区退耕地进行流转，由集体来经营管理；期望每亩地流转费为1500元/

（亩·年）；对于经营效益一般和没有经营效益、不同生长状况和不同立地条件的均认为应该统一补偿标准。

（2）乡镇意愿和补偿金额

房山区退耕还林到期后，乡镇干部后续政策意愿和流转费建议如附图1-68至附图1-70所示，退耕还林到期后为了保证退耕还林的成果和效益，90%的乡镇干部均建议退耕地进行土地流转，由集体经营管理。同意流转的乡镇干部建议流转费在1500～2500元／（亩·年）的占70%。对于不同经营状况、不同生长状况和不同立地条件下的退耕还林地，选择统一补偿标准的分别占80%及以上。

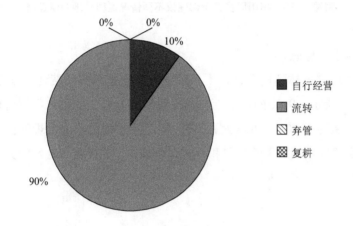

附图1-68　房山区乡镇干部退耕意愿所占比例

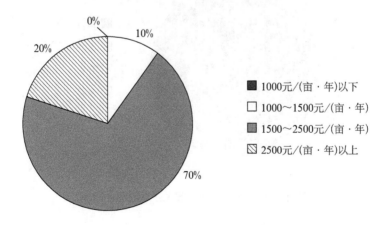

附图1-69　房山区乡镇干部建议流转费所占比例

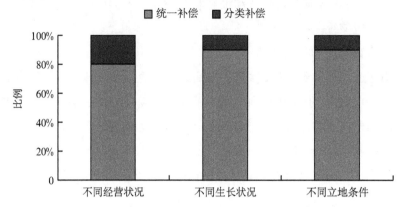

附图 1-70　房山区乡镇干部建议不同情况退耕林地补偿意愿

（3）村干部意愿

房山区退耕还林到期后，村干部后续政策意愿和流转费建议如附图 1-71 至附图 1-73 所示，90% 的村干部均选择流转的方式，由集体经营管理。在流转费方面，认为 1000 ~ 1500 元 /（亩·年）的流转费较为合理的占 48%。针对不同经营状况、不同生长状况和不同立地条件，选择统一补偿的分别占 85% 以上。

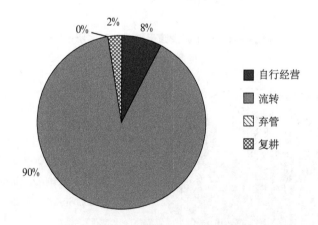

附图 1-71　房山区村干部退耕意愿所占比例

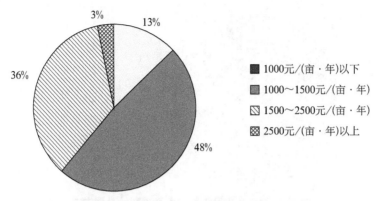

附图 1-72　房山区村干部建议流转费所占比例

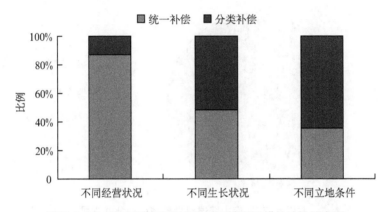

附图 1-73　房山区村干部建议不同情况退耕林地补偿意愿

（4）退耕户意愿和补偿金额

房山区退耕还林到期后，退耕户后续政策意愿和流转费如附图 1-74 至附图 1-76 所示，91% 的退耕户选择了流转；在后续补偿方式方面，98% 的退耕户选择了现金补助；对于退耕还林流转费，认为 1000 ～ 1500 元 /（亩·年）较合理的占比为 77%。

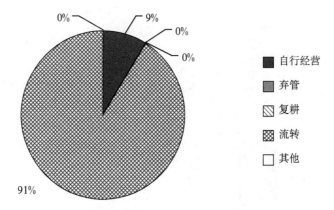

附图 1-74　房山区退耕户希望退耕地处置方式

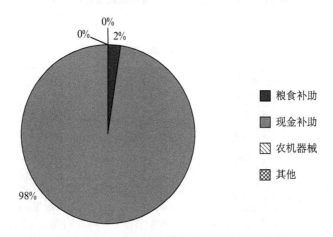

附图 1-75　房山区退耕户希望后续补偿方式

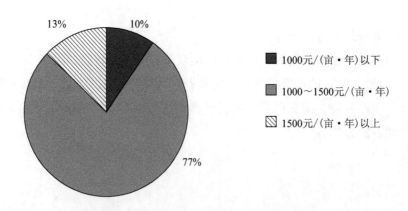

附图 1-76　房山区退耕户建议流转费所占比例

5.6 退耕还林典型情况

（1）坡度分布

房山区退耕还林坡度分布如附图 1-77 所示，68% 的退耕还林地均位于台地上，28% 的退耕还林地坡度在 15°～20°，4% 的退耕还林地坡度在 25°～30°。可见，房山区的退耕还林地多以台地退耕为主。

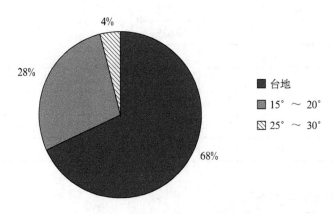

附图 1-77　房山区退耕还林坡度

（2）低收入户情况

房山区退耕还林低收入户情况如附表 1-32 所示，40.68% 的退耕户选择导致低收入的原因为家庭老弱病残较多，30.51% 的退耕户认为是由于没有技术能力所导致的，也有 28.81% 的退耕户认为是因为外出人较多导致留守人员收入较低；对低收入户生活水平的影响：70.37% 的低收入户认为退耕还林补偿可提高生活水平，29.63% 的低收入户则认为退耕补偿对生活水平的提高与否无影响，无人认为退耕补偿会造成生活水平降低；在所有低收入退耕户中，低保户仅占 11.11%，88.89% 的低收入户均不是低保户。可见，房山区退耕还林低收入户以老弱病残为主。

附表 1-32　房山区退耕还林低收入户情况

评价内容	选项	频数	比例	补偿金额	频数	比例
收入低原因	外出人多	17	28.81%	—		
	老弱病残多	24	40.68%			
	没有技术能力	18	30.51%			
	其他	0	—			
补偿对生活的影响	水平提高	19	70.37%	—		
	无影响	8	29.63%			
	水平降低	0	—			
是否是低保户	是	3	11.11%	0～1000元	0	—
				1000～2000元	3	100.00%
				2000元以上	0	—
	否	24	88.89%	—		

（3）退耕还林承包情况

房山区退耕还林承包情况如附表 1-33 所示，承包土地剩余年限在 10 年以上，均有合同存在；不存在承包其他农户土地的情况；每年的租金每亩均位于 400～500 元。所有的承包户之间均不存在利益纠纷。

附表 1-33　房山区退耕还林承包情况

评价内容	选项	频数	比例
土地剩余年限	0～5年	0	—
	5～10年	0	—
	10年以上	1	100%
是否承包其他农户土地	否	1	100%
	是	0	—
合约形式	口头承诺	0	—
	合同	1	100%
	第三方证明	0	—
	其他	0	—

续表

评价内容	选项	频数	比例
每年租金	400 元以下	0	—
	400 ～ 500 元	1	100%
	500 ～ 600 元	0	—
	600 ～ 800 元	0	—
	800 元以上	0	—
是否有利益纠纷	无	1	100%
	有	0	—

（4）退耕还林水源区情况

房山区退耕地水源区额外补助情况如附图 1-78 所示，80% 位于水源区的退耕户要求额外增加 1000 ～ 2000 元的补助，20% 的退耕户要求额外增加 1000 元以下的补助。

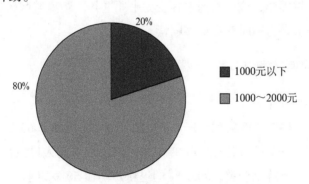

附图 1-78　房山区退耕地水源区额外补助

6　怀柔区

6.1 总体情况

怀柔区管护退耕地的老年人居多，受教育程度多为初中，人均月收入大多在 1000 元以内；树种主要以板栗、杏和杨树为主；所有林地均达到了郁闭，大部分退耕林地经营情况较差；没有果品销售渠道的退耕户占 94.57%，无任何产值的退耕地比例达到了 49.61%；退耕林大多被打药、施肥，施肥多以农家肥为主，基本不浇水。

退耕还林补偿到期后，区级领导建议退耕林地全部流转，由集体来管理，给予每亩每年 1500 元的流转费；82% 的乡镇干部同意退耕地流转，46% 的乡镇干部选择将退耕地纳入平原造林；同意流转的乡镇干部建议 1500 ～ 2500 元 /（亩·年）和 1000 ～ 1500 元 /（亩·年）的流转费各占 50%；77% 的村干部选择退耕地流转，79% 的村干部认为 1000 ～ 1500 元 /（亩·年）的流转费较为合理；95% 的退耕户选择将退耕地流转，61% 的退耕户认为 1000 ～ 1500 元 /（亩·年）的流转费较为合理。对于不同生长状况、不同经营状况和不同立地条件下的退耕还林，均予以统一补偿标准。

在进行土地流转时，建议流转费为 1500 元 /（亩·年）。其中，流转费 1200 元 /（亩·年），剩下的 300 元 /（亩·年）作为补植、管护的费用。山杏、板栗等地上物没有补偿，出售杨树的收入可以归退耕户所有。个别村已经将退耕地流转给村集体，或者将退耕林变为平原造林。距离城区较近的乡镇不愿意流转，期望未来占地时获得更多赔偿。

6.2 退耕户基本情况

（1）年龄分布

怀柔区退耕户年龄结构分布如附图 1-79 所示，60 岁以上退耕户占 43.41%，50 ～ 60 岁的退耕户占 37.21%，40 岁以下的人口只占 0.78%。可见，怀柔区退耕户老龄化严重，80.62% 的退耕户均在 50 岁以上。

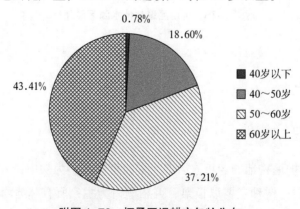

附图 1-79　怀柔区退耕户年龄分布

（2）退耕还林政策的了解和满意程度

附表 1–34 为怀柔区退耕户对退耕还林政策的了解和满意程度，分别有 54.26% 和 26.36% 的退耕户对退耕还林政策比较了解和很了解，只有 3.88% 的退耕户不了解退耕还林政策。对最初退耕还林补偿满意程度的调查发现，73.65% 的退耕户达到比较满意水平以上，满意程度一般的占 14.73%；不满意的退耕户占 11.63%。对现在退耕还林补偿满意程度的调查发现，46.51% 的退耕户均不满意，分别有 23.26% 和 18.60% 的退耕户选择了比较满意和一般，很满意的只有 11.63%。可见，退耕还林政策在最初实施时，满意程度较高，而随着经济的发展，退耕还林补偿政策满意度逐渐下降，主要原因为退耕还林补偿较低，退耕地收益较少，无法满足农民生活。

附表 1–34　怀柔区退耕户对退耕还林政策的了解和满意程度

评价内容	选项	频数	比例
是否了解退耕还林政策	很了解	34	26.36%
	比较了解	70	54.26%
	一般	20	15.50%
	不了解	5	3.88%
最初补偿满意程度	很满意	36	27.91%
	比较满意	59	45.74%
	一般	19	14.73%
	不满意	15	11.63%
现在补偿满意程度	很满意	15	11.63%
	比较满意	30	23.26%
	一般	24	18.60%
	不满意	60	46.51%

（3）受教育程度

怀柔区退耕户受教育程度如附图 1–80 所示，有 53% 的退耕户受教育程度为初中，文化程度为高中的退耕户占 28%，有 17% 的退耕户文化程度为小学及以下水平，只有 2% 的退耕户学历水平为大学及以上。可见，怀柔区退耕户受教育程度较低。

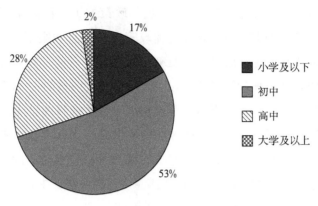

附图 1-80　怀柔区退耕户受教育程度

（4）月人均收入

怀柔区退耕户月人均收入如附图 1-81 所示，有 63% 的退耕户月人均收入在 1000 元以下，月人均收入在 1000～2000 元的占 27%，8% 的退耕户月人均收入在 2000～3000 元，只有 2% 的退耕户月人均收入在 3000 元以上。可见，怀柔区退耕户月人均收入较低，2000 元以下的占 90%。

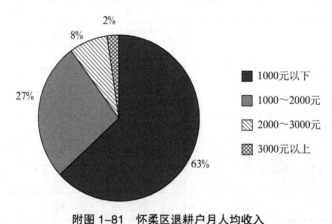

附图 1-81　怀柔区退耕户月人均收入

（5）主要收入来源

怀柔区退耕户主要收入来源如附图 1-82 所示，有 71% 的退耕户主要收入来源为务农，25% 的退耕户主要收入来源为政府资助（养老金、低保金），3%

的退耕户主要收入来源选择了其他，包括外出务工和在附近区域工作，只有1%的退耕户进行小本生意经营。可见，怀柔区退耕户主要收入来源为务农。

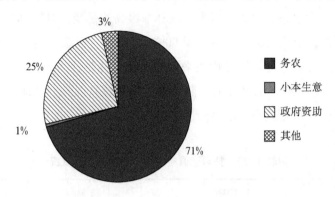

附图 1-82　怀柔区退耕户主要收入来源

6.3 退耕还林林分生长状况

（1）种植树种

怀柔区退耕户主要种植树种如附图 1-83 所示，种植板栗的退耕户最多，比例达到了最高的 37%；其次是杏和杨树，比例分别为 22% 和 11%；核桃和梨占的比例分别为 9% 和 7%；枣和苹果的比例均为 3%；桃和葡萄均仅占 1%；其他树种如柿子、山楂等占 6%。

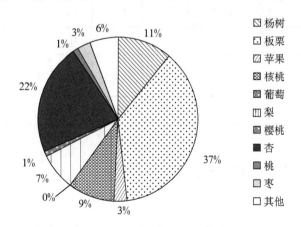

附图 1-83　怀柔区退耕还林主要种植树种

（2）树种生长状况

怀柔区退耕户主要种植树种的生长状况如附表 1-35 所示，从成林率来看，所有树种均达到了 50.0% 以上，成林率最高的是梨，其成林率为 92.5%，其次是仁用杏，也相对较高，达到了 90.0%，山杏、板栗、杨树和太平果均在80.0% 以上；大部分退耕树种均在平原上种植，林龄在 4 ～ 16 年；所有林地均达到了郁闭；从林木长势来看，除了樱桃长势较差以外，其他树种均长势为中等或良好；大部分退耕林地经营情况较差，只有梨为好。

附表 1-35　怀柔区退耕还林主要树种生长状况

树种	梨	山楂	杏		板栗	樱桃	杨树	太平果
品种	圆黄梨红梨	—	仁用杏	山杏	—	—	速生杨	—
退耕面积/亩	11.2	15.0	17.8	1.8	20.7	4.0	6.6	4.4
成林率	92.5%	65.0%	90.0%	87.0%	82.2%	50.0%	89.6%	82.5%
坡度	—	—	18°	—	—	—	10°	—
郁闭度	0.6	0.3	0.7	0.9	0.8	0.4	0.8	0.6
林龄/年	15	13	16	15	15	4	16	9
树高/m	4.6	3.3	2.9	3.8	5.3	2.0	9.2	3.4
胸径/cm	11.8	7.0	8.8	4.7	14.4	5.0	7.1	5.3
冠幅/m	3.5	3.6	3.8	3.1	3.9	3.0	2.2	2.8
林木长势	好	中	中	中	中	差	中	中
株行距/ （m×m）	3×3	3×3	3×4	3×4	2×4	4×4	2×3	2×3
经营情况	好	差	中	差	中	差	差	中

6.4 退耕还林果品销售和管护情况

（1）退耕还林果品销售

怀柔区退耕还林果品销售情况如附表 1-36 所示，没有果品销售渠道的退耕户占 94.57%，只有 5.43% 的退耕户有果品销售渠道。从退耕地的年产值来看，无任何产值的退耕地比例达到了最高，占 49.61%，35.66% 的退耕地年产值在 1～1000 元，年产值在 1000 元以上的退耕地占比为 14.73%。

附表 1-36　怀柔区退耕还林果品销售情况

评价内容	选项	频数	比例
果品销售渠道	有	7	5.43%
	没有	122	94.57%
年产值 /（元 / 亩）	无产值	64	49.61%
	1～200	15	11.63%
	200～500	20	15.50%
	500～1000	11	8.53%
	1000 以上	19	14.73%

（2）退耕还林管护

怀柔区退耕还林管护情况如附表 1-37 所示，从施肥情况来看，62.02% 的退耕户施肥，37.98% 的退耕户不施肥，施肥多以复合肥和农家肥为主，每亩每年施肥花费金额多在 500 元以下（92.50%）；打药和不打药的退耕户分别占 75.19% 和 24.81%，每亩每年打药花费也多在 500 元以下，占比为 88.66%；在退耕地浇水方面，浇水和不浇水的退耕户分别占 28.68% 和 71.32%，不浇水的原因一是无水利设施，二是大部分退耕地均在坡地上，无法浇水；在使用农机具方面，57.36% 的退耕户不使用农机具，42.64% 的退耕户使用，使用农机具费用大多在每亩每年 500 元以下（97.62%），退耕地每年的管护时间在 3 个月以下的占 90.70%。

附表 1-37　怀柔区退耕还林管护情况

评价内容	选项	频数	比例	评价内容		频数	比例
是否施肥	是	80	62.02%	复合肥		40	48.19%
				农家肥		27	32.53%
				其他		16	19.28%
				每亩每年花费	0 ~ 500 元	74	92.50%
					500 ~ 1000 元	4	5.00%
					1000 元以上	2	2.50%
	否	49	37.98%	—			
是否打药	是	97	75.19%	每亩每年花费	0 ~ 500 元	86	88.66%
					500 ~ 1000 元	11	11.34%
					1000 元以上	0	—
	否	32	24.81%	—			
是否浇水	是	37	28.68%	每亩每年花费	0 ~ 500 元	35	94.59%
					500 ~ 1000 元	2	5.41%
					1000 元以上	0	—
	否	92	71.32%	—			
是否使用农机具	使用	55	42.64%	每亩每年农机具油钱	0 ~ 500 元	41	97.62%
					500 ~ 1000 元	0	—
					1000 元以上	1	2.38%
				雇人使用花费	0 ~ 500 元	12	92.31%
					500 ~ 1000 元	1	7.69%
					1000 元以上	0	—
	未使用	74	57.36%	—			
每年管护时间	3 个月以下	117	90.70%	—			
	3 ~ 6 个月	11	8.53%				
	6 个月以上	1	0.77%				

6.5 退耕还林意愿和补偿金额

（1）区意愿和补偿金额

怀柔区主管退耕还林工作的领导和区林业站站长均同意在退耕户自愿的前提下全区施行退耕地流转，由集体来经营管理；期望每亩地流转费为 1500 元 /（亩·年）；对于经营效益好的退耕户，可自己选择是否流转；不同情况统一补偿。

（2）乡镇意愿和补偿金额

怀柔区退耕还林到期后，乡镇干部后续政策意愿和流转费建议如附图 1-84 至附图 1-86 所示，82% 的乡镇干部均同意流转，由集体经营管理。流转费在 1500 ～ 2500 元 /（亩·年）和 1000 ～ 1500 元 /（亩·年）的各占一半。对于不同生长状况和不同立地条件下的退耕还林地，均选择统一补偿标准。

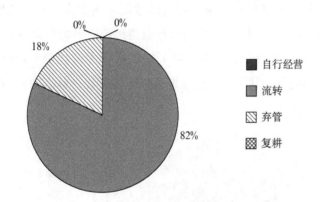

附图 1-84　怀柔区乡镇干部退耕意愿所占比例

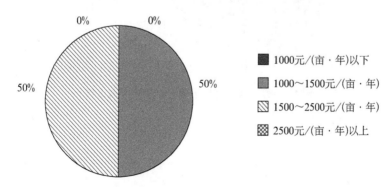

附图 1-85　怀柔区乡镇干部建议流转费所占比例

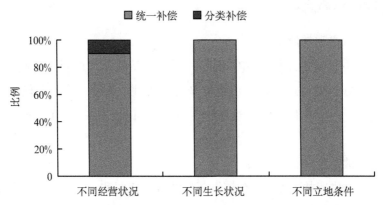

附图 1-86　怀柔区乡镇干部建议不同情况退耕林地补偿意愿

（3）村干部意愿

怀柔区退耕还林到期后，村干部后续政策意愿和流转费建议如附图 1-87 至附图 1-89 所示，77% 的村干部均选择退耕地流转，由集体经营管理。在流转费方面，1000～1500 元 /（亩·年）的流转费占有优势（79%）。针对不同经营状况、不同生长状况和不同立地条件，选择统一补偿的占 90% 以上。

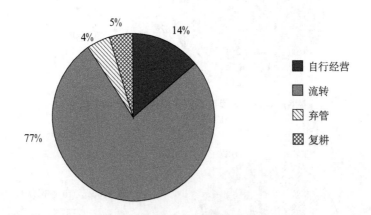

附图 1-87　怀柔区村干部退耕意愿所占比例

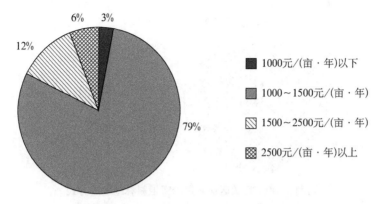

附图 1-88　怀柔区村干部建议流转费所占比例

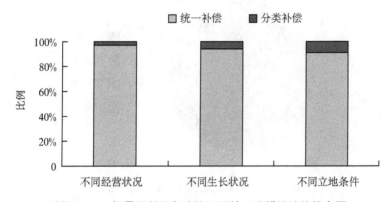

附图 1-89　怀柔区村干部建议不同情况退耕林地补偿意愿

（4）退耕户意愿和补偿金额

怀柔区退耕还林到期后，退耕户后续政策意愿和流转费建议如附图 1-90 至附图 1-92 所示，95% 的退耕户选择了流转，由集体经营管理。在后续补偿方式方面，95% 的退耕户选择了现金补助。对于流转费，61% 的退耕户认为 1000 ~ 1500 元 /（亩·年）的流转费较为合理，但 33% 的退耕户认为 1500 元 /（亩·年）以上的流转费较为合理。

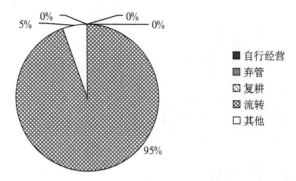

附图 1-90　怀柔区退耕户希望退耕林地处置方式

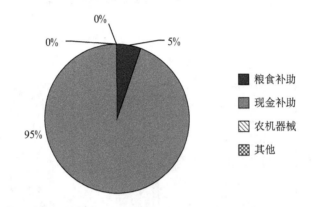

附图 1-91　怀柔区退耕户希望后续补偿方式

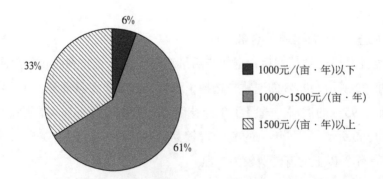

附图 1-92　怀柔区退耕户建议流转费所占比例

6.6 退耕还林典型情况

（1）坡度分布

怀柔区退耕还林坡度分布如附图 1-93 所示，70% 的退耕还林地均位于台地上，25% 的退耕还林地坡度在 15°～20°，5% 的退耕还林地坡度在 25°～30°。可见，怀柔区的退耕还林地多以台地退耕为主。

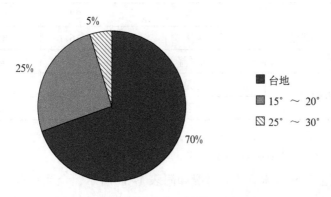

附图 1-93 怀柔区退耕还林坡度

（2）低收入户情况

怀柔区退耕还林低收入户情况如附表 1-38 所示，44.83% 的退耕户选择导致低收入的原因为家庭老弱病残较多，37.93% 的退耕户认为是没有技术能力导致的，也有 17.24% 的退耕户认为是因为外出人较多导致留守人员收入较低；60.00% 的退耕户认为退耕还林补偿可提高低收入户生活水平，35.56% 的退耕户认为无任何影响，4.44% 的退耕户认为退耕还林补偿使生活水平降低；在所有低收入退耕户中低保户仅占 4.44%，低保金在 1000 元以内，95.56% 的低收入户均不是低保户。可见，怀柔区退耕还林低收入户多以老弱病残为主，低保金的覆盖率较高，退耕的补偿对其生活水平的影响比较大。

附表 1-38   怀柔区退耕还林低收入户情况

评价内容	选项	频数	比例
收入低原因	外出人多	15	17.24%
	老弱病残多	39	44.83%
	没有技术能力	33	37.93%
	其他	—	—
补偿对生活的影响	水平提高	27	60.00%
	无影响	16	35.56%
	水平降低	2	4.44%
是否是低保户	是	2	4.44%
	否	43	95.56%

（3）退耕还林林下种养情况

怀柔区退耕还林林下种养情况如附表 1-39 所示，全区只有 17.83% 的退耕户存在林下种养的情况，82.17% 的退耕户均不在林下种养；林下种养的年收入也较低，所有退耕户林下种养年收入均在 500 元以下。

附表 1-39   怀柔区退耕还林林下种养情况

评价内容	选项	频数	比例	备注
是否有林下种养	是	23	17.83%	玉米、杂粮
	否	106	82.17%	—
年收入	500 元以下	23	100.00%	—
	500～1000 元	0	—	—
	1000～2000 元	0	—	—
	2000 元以上	0	—	—

7 密云区

7.1 总体情况

密云区管护退耕林地的老年人居多，受教育程度多为初中，人均月收入也多在 1000 元以内；退耕树种主要以种植板栗、杨树和核桃为主；所有林地均达到了郁闭，大部分经营情况一般；退耕户全部没有果品销售渠道，无任何产值的退耕户比例达到 48.00%；多数退耕地进行打药、施肥（以复合肥为主）。

退耕还林补偿到期后，区级领导建议全部流转，由集体来管理，给予 1000 ～ 1500 元 /（亩·年）的流转费；乡镇干部全部同意流转，流转费分别建议 1500 元 /（亩·年）以上（33%）和 1000 ～ 1500 元 /（亩·年）（67%）；87% 的村干部选择流转，56% 的村干部认为 1500 元 /（亩·年）以上的流转费较为合理；84% 的退耕户选择流转，83% 的退耕户选择 1000 ～ 1500 元 /（亩·年）流转费较为合理。100% 区级领导、92% 乡镇干部和 77% 村干部对于退耕还林的不同生长状况、不同经营状况和不同立地条件统一补偿标准。73% 的退耕地在台地上，林下种养较少，收益多在 500 元以下（80%）。

密云区退耕地部分位于水源区内，分别位于一级水源区和二级水源区内，一级水源区给予 1200 元 /（亩·年）的额外补贴，二级水源区没有额外补贴。除位于一级水源区的退耕户外，其他退耕户也希望获得一些额外的水源保护的补偿；以前未纳入退耕还林政策补偿范围内的林地面积，经退耕户后期重新补植树木，希望纳入退耕还林补偿政策范围内。

7.2 退耕户基本情况

（1）年龄分布

密云区退耕户年龄结构分布如附图 1-94 所示，60 岁以上退耕户占 40%，50 ～ 60 岁的退耕户占 39%，40 岁以下的人口只占 3%。可见，密云区退耕户老龄化严重，79% 的退耕户均在 50 岁以上。

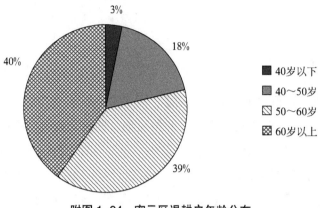

附图 1-94 密云区退耕户年龄分布

（2）退耕还林政策的了解和满意程度

附表 1-40 为密云区退耕户对退耕还林政策的了解和满意程度，分别有 36.00% 和 40.00% 的退耕户对退耕还林政策很了解和比较了解，有 10.00% 的退耕户不了解退耕还林政策。对最初退耕还林补偿满意程度的调查发现，28.00% 的退耕户比较满意，满意程度一般的占 19.33%；不满意的退耕户有 28.00%。对现在的退耕还林补偿满意程度的调查发现，74.00% 的退耕户均不满意，分别有 9.33% 和 13.33% 的退耕户选择了比较满意和一般，很满意的只有 3.33%。可见，退耕还林政策在最初实施时，满意程度较高；而随着经济的发展，退耕还林补偿政策满意度逐渐下降，主要原因在于退耕还林享受的补偿较低，退耕地收入较少，无法满足农民生活。

附表 1-40 密云区退耕户对退耕还林政策的了解和满意程度

评价内容	选项	频数	比例
政策了解	很了解	54	36.00%
	比较了解	60	40.00%
	一般	21	14.00%
	不了解	15	10.00%

续表

评价内容	选项	频数	比例
最初补偿满意程度	很满意	37	24.67%
	比较满意	42	28.00%
	一般	29	19.33%
	不满意	42	28.00%
现在补偿满意程度	很满意	5	3.33%
	比较满意	14	9.33%
	一般	20	13.33%
	不满意	111	74.00%

（3）受教育程度

密云区退耕户受教育程度如附图 1-95 所示，有 61% 的退耕户受教育程度为初中，高中文化程度的退耕户占 14%，24% 的退耕户学历为小学及以下水平，只有 1% 的退耕户学历为大学及以上。可见，密云区退耕户受教育程度较低。

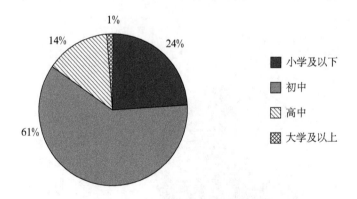

附图 1-95　密云区退耕户受教育程度

（4）月人均收入

密云区退耕户月人均收入如附图 1-96 所示，有 69% 的退耕户月人均收入在 1000 元以下，月人均收入在 1000 ～ 2000 元的占 23%，5% 的退耕户月人均收入在2000～3000元，只有3%的退耕户月人均收入在3000元以上。可见，密云区退耕户月人均收入较低，2000元以下的占92%。

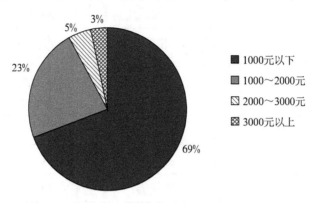

附图1-96　密云区退耕户月人均收入

（5）主要收入来源

密云区退耕户的主要收入来源如附图1-97所示，有70%的退耕户主要收入来源为务农，27%的退耕户主要收入来源为政府资助（养老金、低保金），2%的退耕户主要收入来源为其他，主要包括外出务工和在附近区域工作，只有1%的退耕户进行小本生意，自主经营。可见，密云区退耕户主要收入来源为务农。

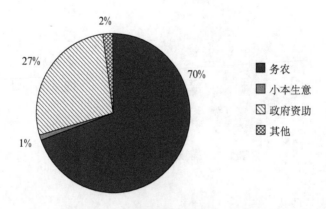

附图1-97　密云区退耕户主要收入来源

7.3 退耕还林林分生长状况

（1）种植树种

密云区退耕户主要种植树种如附图 1-98 所示，退耕地种植板栗的退耕户最多，比例达到了 43%；其次是杨树和核桃，比例分别为 30% 和 15%；杏和桃所占比例分别为 6% 和 3%；苹果、枣和其他的比例均为 1%；无葡萄种植。

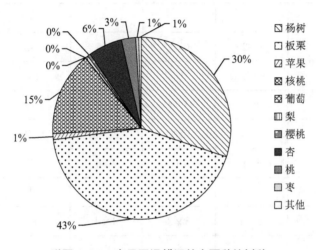

附图 1-98　密云区退耕还林主要种植树种

（2）树种生长状况

密云区退耕户主要种植树种的生长状况如附表 1-41 所示，从成林率来看均达到了 70.00% 及以上，最高的是板栗，其成林率为 89.00%，其次是杨树，达到了 88.85%，核桃和杏均在 85.00% 以上；所有树种均在台地上种植；林龄在 15～16 年；所有林地均达到了郁闭，郁闭度在 0.50 及以上；从林木长势来看，桃长势差，板栗和核桃长势好，杨树和杏长势为中等水平；板栗、核桃和杨树经营情况中等，杏和桃经营情况最差。

附表 1-41　密云区退耕还林主要树种生长状况

树种	板栗	核桃	杨树	杏	桃
品种	—	—	—	仁用杏	—
退耕面积 / 亩	64.90	16.20	32.24	4.60	1.20
成林率	89.00%	85.80%	88.85%	85.00%	70.00%
坡度	—	—	—	—	—
郁闭度	0.82	0.83	0.85	0.82	0.50
林龄 / 年	15	16	15	15	16
树高 /m	4.52	5.40	12.85	4.17	1.70
胸径 /cm	17.50	12.02	22.46	21.00	13.00
冠幅 /m	3.11	4.10	3.86	2.73	3.00
林木长势	好	好	中	中	差
株行距 / (m×m)	3×3	3×3	4×3	3×4	2×1
经营情况	中	中	中	差	差

7.4 退耕还林果品销售和管护情况

（1）退耕还林果品销售

密云区退耕还林果品销售情况如附表 1-42 所示，没有果品销售渠道的退耕户占 100.00%。从退耕地的年产值来看，46.67% 的退耕地年产值均在 1000 元以下，无任何产值的退耕地比例也达到了 48.00%，年产值在 1000 元以上的退耕地占 5.33%。

附表 1-42 密云区退耕还林果品销售情况

评价内容	选项	频数	比例
果品销售渠道	有	0	—
	没有	150	100.00%
年产值/（元/亩）	无产值	72	48.00%
	200 以下	30	20.00%
	200～500	25	16.67%
	500～1000	15	10.00%
	1000 以上	8	5.33%

（2）退耕还林管护

密云区退耕还林管护情况如附表 1-43 所示。从施肥情况来看，60.67% 的退耕户施肥，39.33% 的退耕户不施肥，施肥多以复合肥和农家肥为主，施肥每亩每年花费金额多在 500 元以下（96.70%）；打药和不打药的退耕户分别占 52.67% 和 47.33%，每亩每年打药的花费在 500 元以下；在退耕地浇水方面，浇水和不浇水的退耕户分别占 26.67% 和 73.33%，不浇水的原因一是无水利设施，二是大部分退耕地在坡地上，无法浇水；在使用农机具方面，70.67% 的退耕户不使用农机具，29.33% 的退耕户使用，使用农机具的费用每亩每年均在 500 元以下。所有退耕户对退耕地的管护时间均在 3 个月以内。

附表 1-43　密云区退耕还林管护情况

评价内容	选项	频数	比例	评价内容		频数	比例
是否施肥	是	91	60.67%	复合肥		63	68.48%
				农家肥		25	27.17%
				其他		4	4.35%
				每亩每年花费	0～500 元	88	96.70%
					500～1000 元	2	2.20%
					1000 元以上	1	1.10%
	否	59	39.33%	—			
是否打药	是	79	52.67%	每亩每年花费	0～500 元	79	100.00%
					500～1000 元	0	—
					1000 元以上	0	—
	否	71	47.33%	—			
是否浇水	是	40	26.67%	每亩每年花费	0～500 元	39	97.50%
					500～1000 元	1	2.50%
					1000 元以上	0	—
	否	110	73.33%	—			
是否使用农机具	使用	44	29.33%	每亩每年农机具油钱	0～500 元	39	100.00%
					500～1000 元	0	—
					1000 元以上	0	—
				雇人使用花费	0～500 元	5	100.00%
					500～1000 元	0	—
					1000 元以上	0	—
	未使用	106	70.67%	—			
每年管护时间	3 个月以下	150	100.00%	—			
	3～6 个月	0	—				
	6 个月以上	0	—				

7.5 退耕还林意愿和补偿金额

（1）区意愿和补偿金额

密云区主管退耕还林工作的领导和区林业站站长均建议在退耕户自愿的前提下开展全区退耕地流转，由集体来经营管理；期望流转费为 1000 ～ 1500 元 /（亩·年）；建议对于不同经营状况、不同生长状况和不同立地条件的退耕林地统一补偿标准。

（2）乡镇意愿和补偿金额

密云区退耕还林到期后，乡镇干部后续政策意愿和流转费建议如附图 1-99 至附图 1-101 所示，所有乡镇干部同意流转，由集体经营管理。67% 的乡镇干部认为 1000 ～ 1500 元 /（亩·年）的流转费较为合理，33% 的乡镇干部认为流转费在 1500 元 /（亩·年）以上较为合理。认为不同生长状况、不同经营状况和不同立地条件统一补偿标准的占 90% 以上。

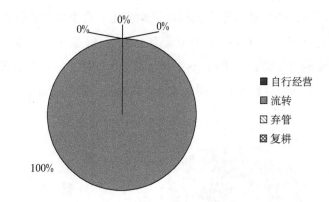

附图 1-99　密云区乡镇干部退耕意愿所占比例

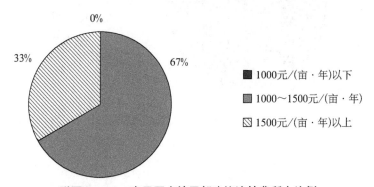

附图 1-100　密云区乡镇干部建议流转费所占比例

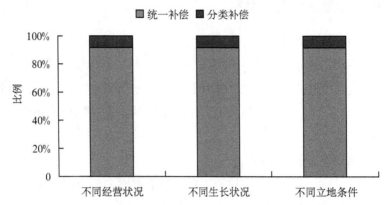

附图 1-101　密云区乡镇干部建议不同情况退耕林地补偿意愿

（3）村干部意愿

密云区退耕还林到期后，村干部后续政策意愿和流转费建议如附图 1-102 至附图 1-104 所示，87% 的村干部选择退耕地流转，由集体经营管理；13% 的村干部选择了自行经营。56% 的村干部认为 1500 元 /（亩·年）以上的流转费较为合理，44% 的村干部认为 1000 ～ 1500 元 /（亩·年）的流转费较为合理。不同生长状况、不同经营状况和不同立地条件选择统一补偿标准的占 75% 以上。

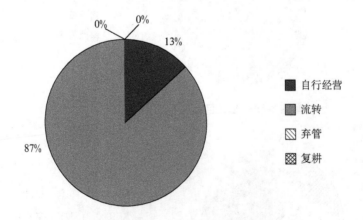

附图 1-102　密云区村干部退耕意愿所占比例

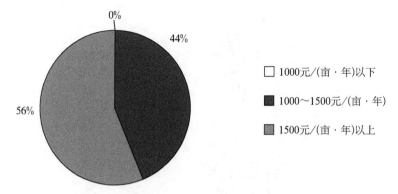

附图 1-103 密云区村干部建议流转费所占比例

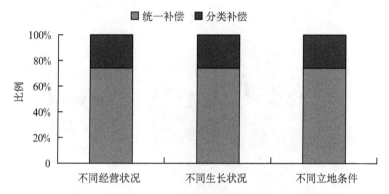

附图 1-104 密云区村干部建议不同情况退耕林地补偿意愿

（4）退耕户意愿和补偿金额

密云区退耕还林到期后，退耕户后续政策意愿和流转费建议如附图 1-105 至附图 1-107 所示，选择退耕还林地流转（84%）、流转费在 1000～1500 元 /（亩·年）（83%）的占有绝对优势。

84% 的退耕户选择流转退耕林地，由集体经营管理；11% 的退耕户选择了自行经营。在后续补偿方式方面，所有退耕户都选择了现金补偿。对于补偿的资金，83% 的退耕户认为 1000～1500 元 /（亩·年）的流转费较为合理，3% 的退耕户认为流转费在 1000 元 /（亩·年）以下较为合理，14% 的退耕户认为 1500 元 /（亩·年）以上的流转费合理。

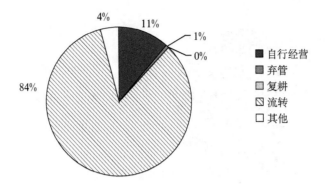

附图 1-105　密云区退耕户希望退耕林地处置方式

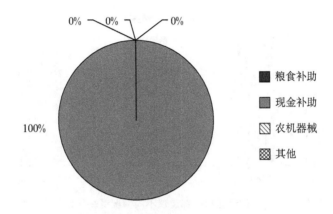

附图 1-106　密云区退耕户希望后续补偿方式

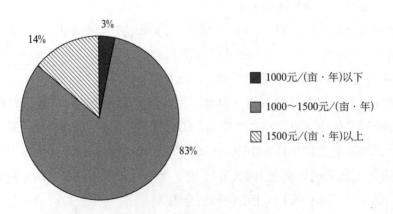

附图 1-107　密云区退耕户建议流转费所占比例

7.6 退耕还林典型情况

（1）坡度分布

密云区退耕还林坡度分布如附图 1–108 所示，73% 的退耕还林地位于台地上，18% 的退耕还林地坡度在 15°～20°，9% 的退耕还林地坡度在 25°～30°。可见，密云区的退耕还林地多以台地退耕地为主。

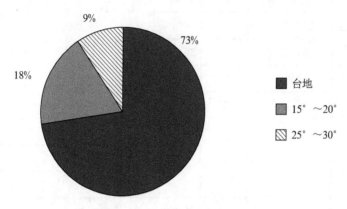

9%

73%

18%

■ 台地

■ 15°～20°

▨ 25°～30°

附图 1–108　密云区退耕还林坡度

（2）低收入户情况

密云区退耕还林低收入户情况如附表 1–44 所示，57.41% 的低收入户认为导致低收入的原因是家庭老弱病残较多，37.04% 的低收入户认为是没有技术能力；56.10% 的低收入户认为退耕还林补偿对生活水平无任何影响，26.83% 的低收入户认为退耕还林补偿能够提高部分生活水平，17.07% 的低收入户认为退耕还林补偿降低了生活水平；在所有低收入退耕户中只有 19.51% 是低保户，62.50% 的低保户领取的低保金在 1000 元以内。可见，密云区退耕还林低收入户多以老弱病残为主，另外低保金的覆盖率较低，退耕的补偿对其生活水平的影响不大。

附表 1-44　密云区退耕还林低收入户情况

评价内容	选项	频数	比例	补偿金额	频数	比例
收入低原因	外出人多	0	—			
	老弱病残多	31	57.41%			
	没有技术能力	20	37.04%	—		
	其他	3	5.56%			
补偿对生活的影响	水平提高	11	26.83%			
	无影响	23	56.10%			
	水平降低	7	17.07%			
是否是低保户	是	8	19.51%	0 ~ 1000 元	5	62.50%
				1000 ~ 2000 元	1	12.50%
				2000 元以上	2	25.00%
	否	33	80.49%	—		

（3）退耕还林林下种养情况

密云区退耕还林林下种养情况如附表 1-45 所示，全区有 6.67% 的退耕户存在林下种养的情况，93.33% 的退耕户不存在林下种养；林下种养的年收入也较低，80.00% 的存在林下种养情况的退耕户收入均在 500 元以下。

附表 1-45　密云区退耕还林林下种养情况

评价内容	选项	频数	比例
是否有林下种养	是	10	6.67%
	否	140	93.33%
年收入	500 元以下	8	80.00%
	500 ~ 1000 元	0	—
	1000 ~ 2000 元	1	10.00%
	2000 元以上	1	10.00%

附录 2 退耕还林基本概况统计

附表 2-1 退耕地造林保存情况调查

区	乡镇	村	计划任务	保存面积/亩	其中占基本农田情况		按坡度级分					按林种分				按位置分						
					面积/亩	地块数/个	大于25°		15°～25°			一般耕地面积/亩	生态林面积/亩	其中:用材林面积/亩	经济林面积/亩	重要水源地情况		水源地保护区情况		重点风沙危害区情况		
							面积/亩	地块数/个	面积/亩	地块数/个						面积/亩	地块数/个	面积/亩	地块数/个	面积/亩	地块数/个	

附表 2-2 北京市退耕还林基本情况统计

区	乡镇	村名	村 是否为低收入村（是填0，否填1）	涉及户数/户 总户数	涉及户数/户 是否为低收入户（是填0，否填1）	计划面积	保存情况 面积/亩	保存情况 小班数/个	保存情况 地块数/个	损失情况 工程占地/亩	损失情况 自然灾害/亩	损失情况 政策改造/亩	损失情况 地块数/个	土地承包合同到期面积/亩
合计														

附表 2-3 ××区巩固退耕还林成果专项规划观光采摘示范园经营情况

序号	乡镇	观光采摘示范园名称	地点	面积/亩	主要树种	品种	年产值/（元/亩）	亩产量/公斤	投入			就业人数/人	是否位于重要水源区或风沙危害区
									生产资料	劳动力	农机折旧		

附表2-4 退耕还林工程树种调查

面积：亩

区	乡镇	村	杨树	核桃	板栗	枣	柿子	仁用杏	苹果	梨	桃	李	杏	樱桃	葡萄	玫瑰
合计																

附表 2-5　××区退耕还林基本情况统计

乡镇	村	合计	生态林							经济林						
			保存面积/亩	户经营30亩以上/户	管护率	有灌溉条件的面积/亩	施肥面积/亩	年浇水次数/次	亩年均收益/万元	保存面积/亩	户经营30亩以上/户	管护率	施肥面积/亩	有灌溉条件的面积/亩	年浇水次数/次	亩年均收益/万元

附表 2-6　××区历年退耕还林工程补助资金情况

填报单位：

年度	计划现金补助情况		补助资金兑现情况			资金结余情况					
	面积/亩	资金/万元	面积/亩	资金/万元	结余资金/万元	合计	结余资金结存单位				
							区财政	区局	乡镇	其他
合计										
2000										
2001										
2002										
2003—2014										
2015										
2016										
2017										

附录 3 退耕还林现状典型调研表

附表 3-1 退耕还林基本情况统计

区	乡镇	村	经营者	总面积/亩	计划面积/亩	保存面积/亩	保存不达标面积/亩			损失面积/亩			其中占基本农田面积/亩	坡度	退耕类型	所处位置			土地承包是否到期（面积多少/亩）	退耕林地收益（万元/亩）
							抚管面积/亩	复耕面积/亩	其他/亩	工程占地/亩	自然灾害/亩	政策改造/亩				水源区	水源保护区	风沙区		

管护率	有灌溉条件的面积/亩	施肥面积/亩	年浇水次数/次	亩年均收益（万元/亩）	是否需要品种更新	退耕之前作物	退耕之前作物收益/万元	退耕之前作物折算收益/万元	退耕种植树种	其他类型补助政策

农业补偿			生态公益林补偿			低保补贴			高龄老人补贴			其他类型补助政策		
政策/元	标准/元	途径	政策/元	标准/元	途径	政策/元	标准/元	途径	政策/元	标准/元	途径	政策/元	标准/元	途径

附表3-2　退耕还林农户调查

姓名	经营模式	基础设施/(元/亩)	劳动力/(元/亩)	补偿金额/(元/亩)	收入构成/(一二三产业)/(元/亩)	是否低收入村	是否低收入户	亩产量/(公斤)	年产值/(元/亩)	收入/分红/元		其他收入/元		投入			补偿对生活水平影响	补偿能否弥补种地收入	是否要退出	退出原因	后续补偿方式				后续补额度/(元/亩)
										长期	短期	长期	短期	劳动力/元	生产资料/元	农机具折旧/元					现金(元/亩)	粮食(公斤/亩)	农机具(元/亩)	其他(元/亩)	

附表 3–3　典型小班生态林与经济林生态效益调查

区	乡镇	村	小班位置（编号）	退耕面积/亩	成林率	树种	品种	坡度	郁闭度	所处位置（水源地、风沙区）	林龄/年	树高/m	胸径/m	冠幅/m	林木长势	保存率	株行距/(m×m)	经营情况	土壤保肥				净化大气		
																			固氮/(万吨/年)	固磷/固钾/(万吨/年)	固钾/(万吨/年)	固定有机质/(万吨/年)	TSP/(吨/年)	PM2.5/(吨/年)	PM10/(吨/年)

附表 3-4　水源地调查

水源类型	水源面积/m²	水质级别（优、良、差）	水源地保护级别（优、良、差）	化肥与农药使用情况	是否受到污染	有哪些污染行为	对产量影响	对收入影响	补助需求是否增加	增加多少/（元/亩）

附表 3-5　坡度调查

坡面倾斜	上报面积/亩	合格、保存面积/亩	面积保存率	坡度对土壤的侵蚀程度	不同坡度的优势、劣势	经营后土壤侵蚀程度（水土流失差异）
15°～25°						
＞25°						

附表 3-6　风沙区调查

退耕后农田是否增产增收	增产增收量/公斤	沙化耕地补助政策	退耕后风沙是否有所减少，风沙减少量是否明显	浇灌水费（劳力、肥料）投入多少/元	浇灌水费（劳力、肥料）补贴意向

附表 3-7　大户调查

姓名	总耕地面积/亩	承包户数/户	转包面积/亩	自留耕地面积/亩	承包土地剩余土地年限/年	历年平均收益/（元/年）	大户与承包人合作形式

附表 3-8　观光采摘示范园经营情况

观光采摘示范园名称	就业人数/（人/年）	面积/亩	采摘树种	采摘品种	采摘价位/（万元/亩）	采摘人数/（人/年）	采摘收益/（万元/亩）	投入成本/（万元/亩）	采摘经营模式

附表 3-9　特色品种调查

种植品种	规模 / 亩	效益 / （万元 / 亩）	是否有旅游项目	采摘品种	发展劣势	解决方式	政府支持（基础设施）	特色优势				
								技术优势	环境优势	品种优势	经营优势	其他（历史等）

附表 3-10　达标 / 不达标退耕还林调查

未达标原因（弃管 / 复耕）	弃管原因（没补贴、劳动力不够、品种销路等问题）	希望政策如何调整	与非弃管地的差异	是否希望退出	是否愿意托管	托管费 / 元	复耕原因（收益低、补偿低、农业补助更多）	希望政策如何调整	与非复耕地的差异	是否希望退出	希望补贴多少 / 元

附表 3-11　退耕还林补助到期 / 未到期退耕还林调查

是否到期	到期处置方式	是否在管理	到期面积 / 亩	未到期面积 / 亩	到期后对生活有何影响	是否愿意继续退耕还林

附表 3-12　合作社调查

经营方式	参与户数 / 户	总面积 / 亩	低收入户比例	分红情况		优惠类政策		补贴类政策			扶持类政策	
				按股份占有比	按劳分配	税收优惠	用水用电优惠	土地流转补贴 / （元 / 亩）	贷款补贴 / （元 / 亩）	农机具补贴 / （元 / 亩）	农产品的流通	人才支持

附表 3-13 龙头企业调查

经营内容（加工、保鲜）	与其他经营主体的合作方式	企业收益 /（元 / 亩）	农民收益 /（元 / 亩）

附录 4 典型小班生态林与经济林生态效益调查

附表 4-1 典型小班生态林与经济林生态效益指标调查

区	乡镇	村	小班位置（编号）	退耕面积/亩	成林率	树种	品种	坡度	郁闭度	所处位置（水源地、水源保护区、风沙区）	林龄/年	树高/m	胸径/cm	冠幅/m	林木长势	保存率	株行距/（m×m）	经营情况（好、中、差）

附录5 退耕还林各区、乡镇、村干部座谈调研问卷

单位：_____职务：_____姓名：_____联系电话：_____

1.退耕还林补偿到期后，您建议如何开展退耕还林管理工作？

    退耕续约（   ）、流转（   ）、弃管（   ）、复耕等（   ）；

    若流转，选择集体经营（   ）、投标承包（   ）、其他（   ）。

2.若进行现金补偿，您建议补偿金额_____元/亩？

3.退耕还林到期后，从您的角度出发，针对不同经营状况（经济效益较好、一般、无经济效益）退耕户，如何对其进行帮助与补偿为宜？

    （1）统一标准（   ）

    （2）分类补偿（   ）

4.您认为对退耕林的不同生长状况（好、中、差）补偿标准统一？还是分类补偿？

    （1）统一标准（   ）

    （2）分类补偿（   ）

5.针对不同立地条件（水源地/水源保护区/重点风沙危害区/坡度）、树种、经营主体（低收入户/普通农户/大户/合作社/集体/龙头企业流转）、特色经营（采摘果园/林下经济/特色品种/退耕特色文化等）和经营现状（达标/不达标、到期/未到期）的退耕地现存林，您建议应如何分类补偿？

    （1）统一标准（   ）

    （2）分类补偿（   ）

附录6 典型退耕户现状和意愿调查问卷

区：_____ 乡镇（村）：_____ 家庭人口：_____

姓名：_____ 年龄：_____ 联系电话：_____

1. 您家的退耕还林面积是_____亩。

2. 若您家退耕地位于坡地上，坡度大概多少？（ ）

    A.15°～20°   B.25°～30°

3. 您家的退耕林地主要栽植树种有哪些？（ ）

    A. 杨树   B. 板栗   C. 苹果   D. 核桃   E. 葡萄   F. 梨

    G. 樱桃   H. 杏   I. 桃   J. 枣   K. 柿子   L. 其他树种_____

4. 您家退耕林生长状况如何？（ ）

    A. 好   B. 中   C. 差

5. 您家退耕还林地块内造林成活率及保存率是否达标？（ ）

    A. 达标   B. 未达标

6. 您了解北京市退耕还林的补偿政策吗？（ ）

    A. 很了解   B. 比较了解

    C. 一般   D. 不了解

7. 您对最初的退耕还林补偿标准满意吗？（ ）

    A. 很满意   B. 比较满意   C. 一般   D. 不满意，原因_____

8. 您对现在的退耕还林补偿标准满意吗？（ ）

    A. 很满意   B. 比较满意   C. 一般   D. 不满意，原因_____

9. 管理退耕地人员的受教育程度为（ ）。

    A. 小学及以下   B. 初中   C. 高中   D. 大学及以上

10. 家庭月人均收入为（　　）。

　　A.1000 元以下　　　　B.1000 ～ 2000 元

　　C.2000 ～ 3000 元　　D.3000 元以上

11. 退耕还林经营主体是谁?（　　）

　　A. 个体　　B. 合作社　　C. 集体

　　D. 大户（30 亩以上）　　E. 其他（　　）

12. 目前，您家退耕地有＿＿＿＿＿＿人管护?

13. 您家里的主要收入来源是什么?（　　）

　　A. 务农　　B. 小本生意

　　C. 政府资助（养老金＿＿＿/ 低保金＿＿＿/ 退耕还林补助＿＿＿/ 平原造林补
助＿＿＿）　　D. 其他补贴＿＿＿＿＿＿＿

14. 您家退耕地果品或者其他产品是否有销售渠道?（　　）

　　A. 有销售渠道＿＿＿＿＿　　　B. 没有销售渠道，自己卖

15. 您家的退耕地年产值多少元 / 亩?＿＿＿＿＿＿＿

16. 每年投入到管护退耕地的时间? 每亩每人累计＿＿＿＿＿天 / 年。

17. 退耕地是否施肥。（　　）

　　A. 是，施＿＿＿肥料。（复合肥 / 农家肥 / 其他）

每亩施肥量共花费多少元?＿＿＿＿＿＿＿

　　B. 不施肥

18. 退耕地是否打药?（　　）

　　A. 打药，每亩喷农药花费多少元＿＿＿＿＿＿　B. 不打药

19. 退耕地是否浇水?（　　）

　　A. 浇水，每亩浇水花费多少元＿＿＿＿＿＿　B. 不浇水

20. 退耕地是否使用农机具?（　　）

　　A. 使用，每亩使用农机具油钱共花费多少元＿＿＿＿＿＿

　　B. 每亩雇人使用农机具花费多少元＿＿＿＿＿　C. 未花钱

21. 退耕补偿能否弥补种地收入?（　　）

　　A. 能补偿　　B. 不能补偿。若不能，缺少＿＿＿元

22. 是否存在中途更换树种的情况?（　　）

　　A. 更换树种，请填写更换树种的原因:＿＿＿＿＿　　B. 没有

23. 是否需要补种？（　　）

　　A. 补种树种，补种种苗共花费____元　　　B. 没有补种种苗

24. 您家签订的退耕还林补偿协议是否到期？（　　）

　　A. 到期　　　B. 未到期，剩余年限____年

25. 退耕补偿到期后，您家对原退耕地的处置方式是什么？（　　）

　　A. 续约　　　B. 弃管　　　C. 复耕　　　D. 流转　　　E. 其他

26. 请写出上一题您的选择原因_____

27. 退耕还林后续补偿方式为（　　），补偿金额为____元/亩。

　　A. 粮食补助　　　B. 现金补助　　　C. 农机器械　　　D. 其他

28. 若您家退耕地位于水源区，是否需要额外补助？（　　）

（若未涉及此情况，本题不作答）

　　A. 需要额外补助，需要额外增加____元　　　B. 不需要额外补助

29. 若您家退耕地位于风沙区，由于风沙区水分资源匮乏，各区、乡镇是否有额外补贴用来补偿退耕林地灌溉用水？（　　）

（若未涉及此情况，本题不作答）

　　A. 没有额外补助　　　B. 有额外补助，补偿____元

30. 您家是否在低收入村？（　　）

　　A. 在低收入村　　　B. 不在低收入村

31. 您家是否为低收入户？（　　）

　　A. 是　　　B. 不是

低收入户（若您家不是低收入户，第32至第34题不作答）：

32. 造成您家收入低的主要原因是什么？（　　）

　　A. 家中外出务工人员多　　　B. 家中老弱病残多

　　C. 没有其他的技术能力，只能靠务农生活　　D. 其他

33. 政府的退耕还林地补偿，对你们生活水平有何影响？（　　）

　　A. 水平提高　　　B. 无影响　　　C. 水平降低

34. 是否是低保户？（　　）

　　A. 是低保户，补助金额____元　　　B. 不是低保户

林下种养（若您未施行退耕林下种养，第35至第36题不作答）：

35. 您家退耕还林是否有林下种养？（　　）

    A. 没有林下种养

    B. 有林下种养（种植业、养殖业、采集业或者其他＿＿＿）

36. 您家林下种养的年收入为（　　）。

    A. 小于500元/（亩·年）　　　　B.500～1000元/（亩·年）

    C.1000～2000元/（亩·年）　　　D. 大于2000元/（亩·年）

附录 7 典型退耕户特殊情况调查问卷

区：　　　　乡镇（村）：　　　　家庭人口：

姓名：　　　年龄：　　　联系电话：

集体、合作社经营模式（若您家退耕地未参加集体或者合作社，第 1 至第 3 题不作答）：

1. 您家退耕地参加的是合作社还是集体经营模式？＿＿＿＿＿＿

2. 您家退耕地所参与的集体／合作社所经营的水果（或者木材等其他农副产品），年均分红大概多少元？＿＿＿＿＿＿

3. 您家退耕地所参与的集体／合作社的经营模式为（　）。

　　A. 集体采购、统一销售　　　B. 集体采购、分散销售

　　C. 分散采购、集体销售　　　D. 分散采购、分散销售

龙头企业带动（若您未经营企业，第 4 至第 11 题不作答）：

4. 请问贵企业与退耕户户的结合方式为（　）。

　　A. 合同契约　　B. 反租倒包　　C. 出资参股　　D. 其他

5. 请问企业原料的供应来源为（　）。

　　A. 周围农户　　B. 周围退耕户　　C. 自产　　D. 其他

6. 请问共有多少户农民参与了原料种植？＿＿＿＿＿＿

7. 请问企业每亩产值比单户承包增加了多少？（　）

　　A.1 万元以下　　　B.1 万～2 万元　　　C.2 万～3 万元

　　D.3 万～4 万元　　E.4 万～5 万元　　F.5 万以上

8. 请问企业每亩土地每年平均收益多少？＿＿＿元

9. 请问农民每年能从每亩土地中获得多少收益？＿＿＿元

10. 请问您的企业有没有技术研发团队？（　）

　　A. 有　　B. 没有

11. 请问您的企业每年的成果转化支出约为多少？＿＿＿元

大户承包（若您所经营的退耕地面积小于30亩，第12至第16题不作答）：

12. 请问您承包的土地剩余使用年限为＿＿＿年。

13. 您家是否承包其他农户的土地，用来退耕还林？（　　）

　　　　A. 没有承包　B. 承包，具体承包＿＿＿户，耕地面积＿＿＿亩

14. 您家若承包其他农户的土地用来退耕还林，您与被承包农户之间的合约形式为（　　）。

　　　　A. 口头承诺　　　B. 合同　　　C. 第三方证明　　　D. 其他

15. 请问您租用其他农户土地的每年租金是多少？（　　）

　　　　A. 400元以下　　　B. 400～500元　　　C. 500～600元

　　　　D. 600～800元　　　E. 800元以上

16. 请问您认为承包土地可能存在的利益纠纷有哪些？＿＿＿＿＿＿＿＿

采摘果园（若您未利用退耕地经营采摘果园，第17至第29题不作答）：

17. 您家经营的采摘果园名称为：＿＿＿＿＿＿＿

18. 您家经营的采摘果园的主要品种是什么？＿＿＿＿＿＿＿

19. 您家采摘果园经营规模多大？（　　）

　　　　A. 5人以下　　　B. 5～10人　　　C. 10～15人　　　D. 15人以上

20. 您家采摘果园的面积为（　　）。

　　　　A. 50亩以下　　　B. 50～100亩　　　C. 100～300亩

　　　　D. 300～500亩　　　E. 500亩以上

21. 您家采摘果园的采摘价位是多少？（　　）

　　　　A. 小于20元/公斤　　　B. 20～50元/公斤

　　　　C. 50～100元/公斤　　　D. 大于100元/公斤

22. 您家采摘果园每天的采摘人数大概是多少？（　　）

　　　　A. 小于20人/天　　　B. 20～50人/天　　　C. 50～70人/天

　　　　D. 70～100人/天　　　E. 大于100人/天

23. 采摘果园的年收入大概是多少？（　　）

　　　　A. 小于1万元/（亩·年）　　　B. 1万～3万元/（亩·年）

　　　　C. 3万～5万元/（亩·年）　　　D. 5万～20万元/（亩·年）

24. 您家采摘果园所在的地理位置属于（　　）。

　　　A. 区中心地段　　　B. 乡镇地段　　　C. 农村地段

25. 您家采摘果园是否愿意对高科技进行引进？（　　）

　　　A. 引进技术　　　B. 没有引进技术，原因：＿＿＿＿＿＿

26. 您对采摘果园目前的经营模式和收入是否满意？（　　）

　　　A. 非常满意　　　B. 满意　　　C. 一般

　　　D. 不太满意　　　E. 很不满意，原因：＿＿＿＿＿＿

27. 您希望采摘果园在退耕还林后能得到什么方式的补助、补偿？（　　）

　　　A. 农机设备设施类补助

　　　B. 按照退耕还林政策进行资金补偿

　　　C. 对工作方向的变更提供相应的帮助

　　　D. 其他农业生产上的技术支持

　　　E. 其他方式的补助（补偿）＿＿＿＿＿＿

28. 您对采摘果园退耕还林正在实施的补助方式是否满意？（　　）

　　　A. 非常满意　　　B. 满意　　　C. 一般

　　　D. 不太满意　　　E. 很不满意，原因：＿＿＿＿＿＿

29. 您对采摘果园退耕还林还有什么意见和建议？

　　　＿＿＿＿＿＿＿＿＿＿＿＿＿＿＿＿＿＿＿＿＿＿＿＿＿＿

特色品种（若您家退耕地种植未涉及特色品种，第 30 至第 35 题不作答）：

30. 本地区退耕还林种植的特色品种是＿＿＿＿＿＿。

31. 退耕还林地种植的特色品种有哪些特色优势？（　　）

　　　A. 技术优势　　　B. 环境优势　　　C. 品种优势

　　　D. 经营优势　　　E. 其他：＿＿＿＿＿＿

32. 退耕还林地种植的特色品种技术优势主要有哪些方面？（　　）

　　　A. 种植技术　　　B. 贮藏技术　　　C. 加工技术　　　D. 其他：＿＿＿＿＿＿

33. 退耕还林地种植的特色品种环境优势主要有哪些方面？（　　）

　　　A. 地理因素　　　B. 自然条件因素　　　C. 其他：＿＿＿＿＿＿

34. 退耕还林地种植的特色品种优势主要有哪些方面？（　　）

　　　A. 杂种优势　　　B. 部位优势　　　C. 地域优势

　　　D. 异幼苗丛生优势　　　E. 其他：＿＿＿＿＿＿

35. 特色品种经营优势主要有哪些方面？（　　）
    A. 经营模式　　　B. 严格的规章制度
    C. 人力资源　　　D. 其他：_____

参考文献

［1］2017 年北京市环境状况公报［EB/OL］.［2021–05–17］. http://sthjj.
　　beijing.gov.cn/bjhrb/index/xxgk69/sthjlyzwg/1718880/1718881/1718882/
　　index.html.

［2］北京统计年鉴 2015［EB/OL］.［2021–05–17］. http://nj.tjj.beijing.gov.cn/
　　nj/main/2015–tjnj/zk/indexch.htm.

［3］北京统计年鉴 2016［EB/OL］.［2021–05–17］. http://nj.tjj.beijing.gov.cn/
　　nj/main/2016–tjnj/zk/indexch.htm.

［4］北京城市总体规划（2016 年—2035 年）［EB/OL］.［2021–05–17］.
　　http://ghzrzyw.beijing.gov.cn/zhengwuxinxi/ghcg/fqgh/.

［5］森林生态系统服务功能评估规范：GB/T 38582—2020［S］. 北京：中国标
　　准出版社，2020.

［6］国家林业局. 退耕还林工程生态效益监测国家报告（2013）［M］. 北京：
　　中国林业出版社，2014.

［7］国家林业局. 退耕还林工程生态效益监测国家报告（2014）［M］. 北京：
　　中国林业出版社，2015.

［8］森林生态系统长期定位观测方法：GB/T 33027—2016［S］. 北京：中国标
　　准出版社，2016.

［9］国家林业局. 退耕还林工程生态效益监测国家报告（2015）［M］. 北京：
　　中国林业出版社，2016.

［10］中国环境统计年鉴 2013［EB/OL］.［2021–05–17］. https://data.cnki.net/
　　trade/Yearbook/Single/N2014030144?z=Z008.

［11］中国环境统计年鉴 2015［EB/OL］.［2021–05–17］. https://data.cnki.net/
　　trade/Yearbook/Single/N2017060040?z=Z008.

［12］2015 中国统计年鉴［EB/OL］．［2021–05–17］．http://www.stats.gov.cn/tjsj/ndsj/2015/indexch.htm.

［13］中国环境统计年鉴 2016［EB/OL］．［2021–05–17］．https://data.cnki.net/trade/Yearbook/Single/N2017060040?z=Z008.

［14］2016 中国统计年鉴［EB/OL］．［2021–05–17］．http://www.stats.gov.cn/tjsj/ndsj/2016/indexch.htm.

［15］中国森林资源核算研究项目组．生态文明制度构建中的中国森林资源核算研究［M］．北京：中国林业出版社，2015.

［16］彭克宏．社会科学大词典［M］．北京：中国国际广播出版社，1989.

北京市人民政府办公厅文件

京政办发〔2019〕25 号

北京市人民政府办公厅印发《北京市关于完善退耕还林后续政策的意见》的通知

各相关区人民政府，市政府各相关委、办、局：

《北京市关于完善退耕还林后续政策的意见》已经市政府同意，现印发给你们，请结合实际认真贯彻落实。

北京市人民政府办公厅

2019 年 12 月 31 日

北京市关于完善退耕还林后续政策的意见

自 2000 年以来,本市在门头沟区、房山区、昌平区、平谷区、怀柔区、密云区、延庆区等七个区实施退耕还林工程,累计完成还林 55 万亩,对改善生态环境、减少水土流失、优化农村产业结构、促进农民增收发挥了重要作用。为巩固退耕还林成果,切实维护农民利益,扎实推进实施乡村振兴战略,现提出如下意见。

一、指导思想

以习近平新时代中国特色社会主义思想为指导,全面贯彻落实党的十九大和十九届二中、三中、四中全会精神,坚持以人民为中心的发展思想,践行绿水青山就是金山银山的理念,本着"政府主导、农民自愿、因地制宜、分类施策"的原则,统筹园林绿化、农业农村领域相关政策,采取"调、补、扶、组"等政策措施,完善退耕还林后续政策,巩固退耕还林成果,加大扶持力度,调动退耕农户林木管护和林果生产经营积极性,切实维护退耕农户利益,推动首都生态环境质量持续好转。

二、政策内容

(一)将部分退耕林地调整改造为生态公益林

对坡度大于 25 度和位于重要水源地一级保护区内的退耕林地,以及重要道路、河流两侧和重点风沙危害区内的速生杨退耕林地,按照退耕农户自愿、林木无偿流转原则,办理土地流转手续,由乡镇政府负责统一经营管理,调整改造为生态公益林。由市级财政按照每年每亩1000元土地流转费和每年每平方米1元林木养护费的标准给予补助,各相关区政府根据本区实际给予补助,与新一轮百万亩造林绿化统筹实施养护管理。补助期限暂定为2020年至2028年。

(二)对自主经营退耕还生态经济兼用林的农户给予补助

对自主经营退耕还生态经济兼用林的农户,市级财政按照每年每亩500元的标准给予补助,各相关区政府根据本区实际给予补助。补助期限暂定为2020年至2028年。

(三)扶持退耕农户发展林果产业

退耕农户享受农机购置、农作物病虫害绿色防控产品、有机肥和农业保险等农业补贴政策;果树产业发展基金优先支持退耕农户发展林果产业;开展科技帮扶,原则上每个乡镇派驻1名林果专业技术人才进村入户推广实用技术、开展技术培训,帮助退耕农户提升从业技能,促进退耕农户增收,提高退耕林地综合效益。

(四)组织指导退耕农户提高经营管理水平

对调整为生态公益林的退耕林地,鼓励乡镇建立新型集体林场统一组织养护管理;对自主经营的退耕还生态经济兼用林,鼓励乡村建立专业合作社,组织退耕农户以土地、产品入社入股,促进适度规模经营;鼓励社会组织或龙头企业参与退耕林地经营管理,提升经济效益;鼓励乡村专业合作社与电商对接,建立"互联网＋"

模式,积极发展电子商务等新业态;积极探索试点林果采摘、林下经济、民俗旅游、森林康养等绿色产业融合发展模式,拓宽退耕农户就业增收渠道。

三、工作要求

(一)加强领导

成立以市政府主管领导担任组长,市有关部门为成员单位的市退耕还林后续政策实施协调小组,制定工作方案和实施细则并推动相关任务落实。各相关区政府是落实退耕还林后续政策的责任主体,要加强组织领导,制定具体实施方案,明确工作目标、责任分工、工作内容和工作要求;逐乡(镇)逐村建立台账,规范政策实施;完善退耕还林档案管理,建立健全管护考核机制。

(二)明确责任

市园林绿化局负责统筹协调退耕还林后续政策落实有关工作;市发展改革委负责对纳入市级年度建设任务的退耕还林改造任务给予支持;市规划自然资源委负责制定相关配套政策,进一步明确退耕林地的土地属性;市财政局负责筹措市级补助资金并会同市园林绿化局分配及下达,做好预算绩效管理工作;市农业农村局负责做好退耕农户享受农业补贴政策的落实;市、区人力资源社会保障局负责做好退耕农户转移就业、技能培训、派驻专业技术人才激励政策制定等相关工作;市农林科学院负责组织相关林果专业技术人才进村入户开展技术推广和业务指导。

（三）规范监管

对调整为生态公益林的退耕林地，严格按照"退耕农户自愿申请、村委会公示确认、乡镇政府审核、区政府批准"的程序，依法依规做好调整工作。制定退耕还生态经济兼用林管护标准，明确管理和监督检查要求，未达到标准要求的，不得享受市级财政补助。加强财政资金管理，严禁弄虚作假骗取和截留挪用资金行为。严格保护利用现有林木资源，加强林木管护，逐步提升林木质量和经营效益。对于违反退耕还林后续政策并造成严重影响的，依法依规追究责任。

抄送：市委各部门,北京卫戍区。

市人大常委会办公厅,市政协办公厅,市监委,市高级人民法院,市人民检察院。

各民主党派北京市委和北京市工商联。

北京市人民政府办公厅　　　　　　　　　2020 年 1 月 3 日印发